普通高等教育农业农村部"十三五"规划教材
全国高等农林院校"十三五"规划教材

植物学实验及实习指导

第二版

陈中义　周存宇　主编

U0291102

中国农业出版社

北　京

内 容 提 要

　　《植物学实验及实习指导》是农科类专业基础课植物学的配套实验实习教材。全书包括植物学实验、植物学实验技术、植物学实习和附录四部分。第一篇为实验部分，主要包括显微镜的使用，植物细胞、组织、器官（根、茎、叶、花、果实、种子）的形态结构观察等基础性实验，还有种子萌发与幼苗形成、不同生态环境对植物营养器官的影响等综合性实验以及若干设计性实验项目，可根据专业特点予以选做。第二篇为实验技术部分，包括临时装片的制作、石蜡切片制片技术、显微观察及制图和植物标本制作等内容。第三篇为实习部分，主要包括野外实习基础知识、植物识别、植物标本的采集、植物群落调查等。附录中列出了植物学实验中涉及的常用实验药剂的用途与配制、中国主要入侵植物名录、被子植物主要科的特征等内容，供学生开展实验和实习时参考。本教材注重培养学生对植物学基础知识和基本实验技能的掌握，力求提升学生创新思维和动手能力，对学生进行植物学实验和实习可起到切实的指导作用。

　　本教材适用于高等农林院校植物生产类和生物类各专业的学生使用，也可供有关科技人员参考。

第二版编写人员

主　编　陈中义（长江大学）

　　　　周存宇（长江大学）

参　编　（按姓名笔画排序）

　　　　王爱勤（广西大学）

　　　　刘　姗（攀枝花学院）

　　　　刘　静（四川农业大学）

　　　　刘志雄（长江大学）

　　　　张　建（长江大学）

　　　　胡　蝶（长江大学）

　　　　费永俊（长江大学）

　　　　姚　振（长江大学）

　　　　莫俊杰（广东海洋大学）

第一版编写人员

主　编　陈中义　周存宇

编　委　（按姓名笔画排序）

王瑞云　刘志雄　李晓宏　陈中义

周存宇　祝满辉　费永俊　姚　振

第二版前言

本教材第一版出版于 2013 年，期间各高校使用教师和学生在充分肯定该教材的价值和特色的基础上提出了修订建议。本次教材修订依据近年来普通高等教育教学改革的趋势，适应大学生创新创业计划的具体需求和新农科建设需要，进一步突出了学生实验技能的培养，以及对大学生开展自然教育的需要。首先，教材总体编排方面，在保留原有的植物学实验和植物学实习两个部分的基础上，增加了植物学实验技术部分。在综合性实验项目，考虑到分子生物学已经发展到可以开展基因测序，故删去了原来细胞核型分析的实验项目。在增加的第二篇植物学实验技术中，除了将原教材中分散于各个单项实验中的实验技术进行整合之外，还新增了植物表皮剥离技术、植物纤维离析技术、涂压制片技术、植物石蜡切片技术、植物超微结构观察制片技术和植物工艺品制作技术等内容。其次，对原教材附录部分进行了调整，将原附录一"常用显微镜的种类与构造"和附录三"常见的植物显微化学鉴定"置于第二篇的第三章"植物显微观察及生物制图"。附录二"中国主要入侵植物名录"中增加了环境保护部发布的《中国外来入侵物种名单》第三批和第四批中的植物，并对少数植物的异名进行了修改。附录三"被子植物主要科的特征"中增加了各科的花程式，便于学生更加直观地理解各科的特征。附录四"植物学实验参考书及网站"中更新并增加了部分网站，使学生能更好地利用网络资源。

由于时间仓促，编者水平有限，书中难免会有不足和疏漏之处，敬请广大读者提出宝贵意见。

编　者
2020 年 3 月于湖北荆州

第一版前言

　　为了贯彻《教育部财政部关于实施高等学校本科教学质量与教学改革工程的意见》（教高〔2007〕1号）文件精神，全面满足高等农林院校教学需要，培养优秀的农业科研、教学和推广人才，促进农业和农村经济快速健康发展，根据农业部指示，农业部教材办公室组织有关专家，研究制订了普通高等教育农业部"十二五"规划教材选题。根据规划教材选题目录，长江大学园艺园林学院植物学教研室组织了《植物学实验及实习指导》的申报工作，经过评审获得通过。

　　我国传统的植物学实验教学内容是以传授知识的验证性实验为主，这对巩固基础理论知识和理解有关基本概念无疑是重要的，但这类实验很难使学生的创新能力得以提高。由传统的以传授知识为主的知识教育转向以培养能力为主的素质教育，是21世纪对人才培养的要求。为适应素质教育和创新教育的要求，转变教育观念，以培养学生实践和创新能力为目标，对植物学实验教学内容进行改革势在必行。目前，许多高等农林院校、师范院校和综合性大学的生物专业，在植物学实验和实习教学改革方面做了大量的探索，在教学内容、教学方法和教学手段的改革方面取得了一定的成果。本教材是在参考了这些在植物学实验和实习教学方面的改革成果的基础上，结合编者多年的植物学实验和实习教学的实际经验编写而成的。本教材分为植物学实验、植物学实习和附录3个部分。

　　第一篇植物学实验部分，共有20个实验项目。其中有以验证书本知识为主的基础性实验，又有综合性实验和设计性实验。基础性实验内容涉及植物学教材中最基本的概念和理论，其主要目的是：①验证并巩固课堂教学所讲的植物学基本概念和基础知识；②掌握植物形态解剖和分类学的基本实验技能和实验技术。综合性实验内容涉及植物学的综合知识，即包含本课程中2个或2个以上的知识点。综合性实验涉及多种实验手段与技术，要求学生独立完成预习报告、试剂配制、实验记录、数据处理和实验报告等，为设计性实验的开展做好准备。设计性实验内容由学生自行选择，即在简单介绍有关背景知识和实验方法的基础上，学生根据自己的兴趣，进一步查阅相关文献资料，自行选定实验项目，制订详细的实验方案，在老师指导下自主完成整个实验过程，着重培养学生独立解决实际问题的能力、创新能力以及组织管理能力。

第二篇植物学实习部分，共分3章。第一章是植物学实习基础知识的介绍，使学生了解植物分类学和资源植物学的一般性实践技能。第二章包括植物的野外识别，植物标本的采集、制作和保存等常规实习内容。第三章是植物群落的调查，该项实习的目的是使学生不仅能识别植物，还能进一步了解植物生态学野外调查的基本方法，加深对植物群落学理论的理解，增强植物资源及生态环境保护意识。

本教材附录分6部分，包括常用显微镜的种类与构造、常用实验药剂的用途与配制、常见的植物显微化学鉴定、中国主要入侵植物名录、被子植物主要科的特征和植物学实验常用参考书及网站等，便于实验员准备实验时参考，也为学生在综合性实验和设计性实验实施过程中提供有关信息。

在本教材的使用过程中，可以根据各学校的学时数和地区特点灵活选取实验项目和实验中的植物材料。

本教材在编写和校对过程中得到雷泽湘、郭永兵、黄芬肖、袁昌波、于鹏宇等老师和研究生的帮助，在此一并表示感谢。

由于编者的水平有限，教材中难免会有不足和疏漏之处，希望使用本教材的教师、学生和有关科技人员提出宝贵意见。

编　者
2013 年 2 月

目 录

第 一 篇

植物学实验

Ⅰ. 基础性实验

实验一 显微镜的使用及植物细胞的基本结构

一、实验目的

1. 了解显微镜的构造及其维护，学习和掌握显微镜的使用方法。
2. 观察和认识植物细胞的基本结构。
3. 了解质体的类型以及生活细胞的主要特征。
4. 观察细胞后含物的特点。
5. 学习临时装片法及植物绘图法。

二、实验材料与用具

实验材料	观察内容
洋葱或大葱鳞叶	细胞的基本结构
黑藻、菹草或葫芦藓叶片	叶绿体、胞质运动
红辣椒或番茄果实	有色体
鸭跖草叶片	白色体、晶体
南瓜茎尖或万寿菊、扁豆花瓣	胞质运动
柿胚乳细胞永久制片、红辣椒	胞间连丝
马铃薯块茎	淀粉粒
花生种子	糊粉粒、油滴
秋海棠、凤仙花的幼茎和叶片，印度橡皮树叶片横切片	晶体

显微镜、镊子、刀片、载玻片、盖玻片、吸水纸、擦镜纸、蒸馏水、I$_2$-KI溶液、苏丹Ⅲ染液等。

三、实验内容与步骤

1. 显微镜的使用方法 实验前应将桌面无关的物品清理干净。学生先听老师讲解示范，然后进行操作练习。

（1）取镜与放镜。取镜时应该一手握住镜臂，一手托住镜架，保持显微镜水平，不要倾斜和晃动，避免目镜落地。实验时首先要把显微镜放在座位前桌面上偏左的位置，镜座应距桌沿5～10 cm，右侧留下空间便于绘图和放置物品。

（2）转动镜头转换器，使低倍镜头正对载物台的通光孔，将载物台降到最低。打开显微镜电源，将光源亮度调到中等位置，将聚光镜调到最高位置，并把虹彩光圈调至中等位置。普通光学显微镜用左眼注视目镜，随手把反光器转向光源，把虹彩光圈调至最大，使光线通过聚光器反射到镜筒，这时视野内呈明亮状态。

（3）对光。将所要观察的切片从永存片盒中取出，用肉眼观察清楚要观察材料的位置。将切片放在载物台上，用压片夹压好载玻片，调节玻片移动器，使切片中被观察的部分处于通光孔的正中央。

（4）先用低倍物镜观察（物镜10×）。观察之前，先转动粗调焦螺旋，使载物台上升，物镜逐渐接近切片，将载物台调节至距物镜镜头1～2 cm处（或向上调节到最高处），注意不能使物镜镜头触及切片，以防镜头将切片压碎。然后一边用左眼观察，一边转动粗调焦螺旋，使载物台慢慢下降，发现目标后停止。若发现调到最低仍未找到观察物体，则重复上述过程。需要注意的是，在左眼注视目镜观察的同时，右眼也不要闭合，要从开始使用显微镜起就养成睁双眼观察的习惯，以便今后可以在左眼观察的同时，睁开右眼绘图。

调节光源亮度、聚光镜以及虹彩光圈，感受观察物体的变化，掌握合理控制材料的亮度和对比度。

如果找不到观察的物体，可能是观察的物体颜色较浅，对比度不高，此时应该调节光源亮度、聚光镜以及虹彩光圈。必要时移动切片的位置到盖玻片的边缘，借助盖玻片和载玻片相交的线调节对焦。

（5）如果在视野内初看到的物像不符合实验要求，可慢慢移动切片的位置，但应注意切片移动的方向，实际上与视野中的物像移动的方向正好相反。如果物像不够清晰，可调节细调焦螺旋至清晰为止。

（6）如需进一步使用高倍物镜观察，应在换高倍物镜之前，一定要将欲放大的部分移至视野的中央（因为高倍物镜下的视野比低倍物镜下的要小），并在低倍物镜下将物像调至最清晰的程度方可转换高倍物镜镜头。在一般情况下，转换高倍物镜镜头以后，在视野内即可显示物像，但不会十分清晰，需要再调节细调焦螺旋，直至清晰为止。

（7）为使视野内物像更加清晰，亮度适中，还要在看清物像后，调节反光镜至物像清晰，亮度适宜为止。反光镜一经固定，就不要再移动。此后主要调节虹彩光圈。如果在低倍物镜下调节至清晰，亮度适当，但转至高倍物镜时光线可能稍暗，也可用上升聚光器或稍稍打开虹彩光圈的方法调节亮度。

（8）调换切片，将接物镜调节到低倍物镜，取下切片，装上新的切片，此时不需要大范围的调节粗调焦螺旋。注意不要在高倍物镜下更换玻片。

（9）观察完毕，应先将接物镜转开，再取下切片，使镜头转换器的无镜头部分对着通光孔，将镜臂落下，再将虹彩光圈调至最大，并检查零件。如无遗损，即可装箱，特别要注意检查物镜是否沾水，如沾水要用镜头纸擦净。

（10）使用完毕，填写仪器使用记录卡。

2. 植物细胞的基本构造　洋葱鳞叶的表皮是最容易撕取的材料之一，在没有洋葱的情况下，可用大葱葱白的表皮代替。

取一个洋葱头（鳞茎）把它切成八瓣，剥下一片新鲜的肉质鳞叶，用镊子从其表面撕下一条透明、薄膜状的内表皮（凹下的一面），再用刀片切取 $16\sim25~\text{mm}^2$ 的一小块，迅速将其置于载玻片上已预备好的水滴内。如果发生卷曲，应细心地用解剖针将它展平，并盖上盖玻片（注意不要使盖玻片的上面浸湿），制成临时装片，然后放在显微镜的载物台上。先用低倍物镜观察，可见洋葱鳞叶内表皮细胞为一层细胞，注意细胞的形态和排列状况。

洋葱表皮细胞似扁砖状，所有细胞都具有相似的形态，排列紧密，没有任何间隙（图 1-1-1）。移动装片选择几个比较清楚的细胞置于视野的中央，换用高倍物镜仔细观察一个典型植物细胞的构造，识别下列各部分。

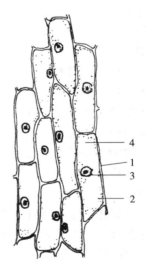

图 1-1-1　洋葱鳞叶内表皮细胞结构
1. 细胞壁　2. 细胞质
3. 细胞核　4. 液泡
（引自周仪，1993）

（1）细胞壁。为植物细胞所特有，包围在细胞的原生质体的外面，比较透明，因此只能看到细胞的侧壁。初看时，好像两个相邻的细胞只有一层壁，但是调节细调焦螺旋和虹彩光圈时，就能发现这层细胞壁实际上是三层，即两侧为相邻两个细胞的细胞壁，中间是粘连两个细胞的中胶层（胞间层）。

（2）细胞质。为无色透明的胶状物，紧贴在细胞壁以内，被中央大液泡挤成一薄层，仅细胞的两端较明显。当缩小光圈使视场变暗时，在细胞质中可以看见一些无色发亮的小颗粒，为白色体。有时，还能发现它可以随细胞质缓慢地流动。

（3）细胞核。为扁圆形的小球体，由更为黏稠的原生质组成。由于有中央大液泡的存在，细胞核和细胞质一样紧贴着细胞壁。有的细胞核贴近细胞的侧壁，只能看到其窄面；而不少的细胞核则紧贴上面和下面的细胞壁，就可看到它的宽面，此时可清楚地看到其内有一个或两个核仁，偶尔还能看到具有三个核仁的细胞核。

有时在撕取表皮时，细胞已经破裂，细胞核与细胞质均流出，就看不见了。一般的细胞核都包括下列三部分：

①核膜：包围在细胞核的外面。

②核质：整个细胞核内充满核质。

③核仁：为核质中 1～3 个发亮的小颗粒。

（4）液泡。有一个或几个，位于细胞的中央，里面充满细胞液，细胞液无色透明。

按上述要求观察了活的洋葱表皮细胞之后，从载物台取下临时装片，然后在盖玻片的一边加上一滴 I_2-KI 溶液，用滤纸条在另一边吸引溶液，使细胞染色，再次置于显微镜下观察。此时细胞已被杀死，细胞质被染成浅黄色，细胞核被染成较深的黄色，这样可将细胞的各部分显示得更为清晰。

3. 质体的类型以及生活细胞的主要特征

（1）质体的类型。质体是植物细胞特有的细胞器，根据所含色素的有无和种类的不同，可把质体分为叶绿体、白色体和有色体三类。

①叶绿体：主要含叶绿素的绿色质体，能进行光合作用，主要存在于植物体的绿色部分，尤其是叶片中。取水生植物黑藻叶（或菹草叶）或藓类植物葫芦藓的"叶片"（仅有 1～2 层细胞），制成临时装片进行观察，可以看到它们的细胞里充满了绿色颗粒——叶绿体。观察时注意它们的形态和分布。叶绿体浸没在细胞质中，紧贴细胞壁内侧，有时以其宽面正对观察者，即紧贴细胞的上壁或下壁，常呈扁圆形；有时则紧贴侧壁，看到的是其窄面。

②有色体：仅含叶黄素和胡萝卜素的质体，由于二者比例不同，可呈黄

色、橙色或红色，常存在于成熟的果肉细胞中或黄红色的花瓣里。取红色辣椒或成熟番茄果实，撕去表皮，取其果肉细胞，制成临时装片，在显微镜下观察，有色体一般呈颗粒状。

③白色体：不含色素的最小的质体，所以无色。撕取鸭跖草叶表皮一小块，制成临时装片进行观察，可见到微小的白色体分散在细胞质中或聚集在细胞核的周围，呈透明的颗粒状。

（2）原生质的运动。生活细胞中的细胞质都处于不断的运动状态，它能带动其中的质体等细胞器在细胞内沿一定的方向和"轨道"流动，但因其行进的速度十分缓慢，不易被人们所察觉，所以要仔细地进行观察（可任取下列一种材料）。

①黑藻叶细胞：取黑藻枝端的幼叶，制成临时装片，可发现在靠近叶脉的或近基部的细胞内叶绿体成串排列，一个接一个地沿着细胞壁的内侧流动。

②南瓜茎尖表皮毛：取新鲜的南瓜茎尖，置于盛有清水的烧杯中，使其充分吸水并光照约 0.5 h 以后，再用镊子取下嫩茎或幼叶叶柄上的表皮的表皮毛，制成临时装片，在低倍物镜下观察，选多细胞表皮毛的一个细胞，换高倍物镜，可发现叶绿体等小颗粒正沿着原生质丝在缓慢移动。

③万寿菊、扁豆的花瓣：制成清水装片，也同样可在细胞中观察到比较明显的原生质运动现象。

此实验若在冬季进行，应用白炽灯照射材料，当温度提高至 20～25 ℃时，较为适宜观察。

4. 纹孔和胞间连丝　纹孔和胞间连丝是细胞间物质和信息传递的通道。植物体全身的细胞均由纹孔和胞间连丝彼此连接，相互沟通，使植物体成为一个统一的整体。

（1）柿胚乳细胞的胞间连丝。在低倍物镜下观察柿胚乳细胞的永久制片（图 1-1-2），可以见到许多多角形的细胞，壁明显增厚而细胞腔很小，其内的原生质体往往被染成深色或在制片过程中已丢失，使细胞腔成为空腔。在相邻两细胞加厚的细胞壁上，选择胞间连丝清晰而比较密集的地方，换高倍物镜仔细观察那些微细的暗色细丝即为原生质丝，它们把相邻两细胞的原生质体联系起来。

柿胚乳细胞是具有生活原生质体的"厚壁细胞"，实际上这种组织是一种特殊的薄壁组织——贮藏组织，它们与其他薄壁组织不同之处是将其贮藏的营养物质半纤维素（一种多糖）沉积在细胞壁上，使其初生壁大幅度增厚。当种子萌发时，这种增厚的初生壁就酶解成其他糖类，供幼胚生长时使用。因此，只根据其细胞壁厚就把它归入厚壁组织是不妥当的。

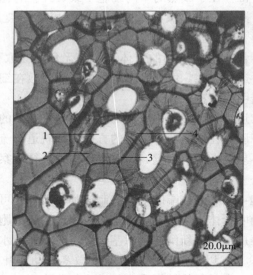

图 1-1-2　柿胚乳细胞的胞间连丝

1. 细胞腔　2. 增厚的初生壁　3. 胞间层　4. 胞间连丝

（2）单纹孔对与胞间连丝。撕取辣椒果实的表皮一块，并从果肉一侧用双面刀片刮去果肉细胞，制成临时装片，在低倍物镜下观察。选择薄而清晰的区域，换高倍物镜寻找呈念珠状的两个相邻细胞的细胞壁，其上多处发生相对的凹陷，即单纹孔对。在凹陷处有胞间连丝相通。实际上，这种增厚的细胞壁仍属初生壁。

5. 植物细胞的后含物

（1）淀粉粒。切取马铃薯块茎薄片或用新鲜马铃薯切口处的浆液制成临时装片，显微镜下可见细胞内含许多卵圆形或椭圆形颗粒，即为淀粉粒。高倍物镜下将光线适当调暗，可见马铃薯淀粉粒依脐点和轮纹不同有单粒、复粒和半复粒三种类型（图 1-1-3）。

①单粒淀粉粒：每粒淀粉有一个脐点，围绕脐点有许多同心环，即轮纹。

②复粒淀粉粒：每粒淀粉有两个或两个以上的脐点和各自的轮纹，而无共同的轮纹层。

③半复粒淀粉粒：每粒淀粉具有两个或两个以上的脐点和各自少数的轮纹，还有共同的轮纹层。

在做此临时装片时，也可滴加少许 I_2-KI 溶液，观察淀粉粒显什么颜色。

（2）糊粉粒。贮藏蛋白质一般以糊粉粒的形式存在。用刀片将花生子叶横切，在其切面上刮取少许粉末置于载玻片上，滴加 I_2-KI 溶液制成临时装片，

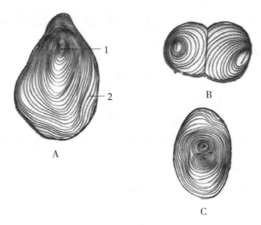

图 1-1-3 马铃薯的淀粉粒
A. 单粒淀粉粒 B. 复粒淀粉粒 C. 半复粒淀粉粒
1. 脐 2. 轮纹

低倍物镜下可见细胞内含许多糊粉粒，高倍物镜下可见糊粉粒外为淡黄色薄膜，内含一个无色球晶体和一至数个黄褐色拟晶体。

（3）油滴。同样取上述花生子叶横切片加苏丹Ⅲ染液制成临时装片，显微镜下可见细胞内有许多大小不等的球形或不规则形状的橙红色的小油滴。

（4）晶体。晶体是植物细胞中常见的代谢产物，常在表皮、皮层、髓和韧皮部等处的薄壁细胞中形成，有砂粒状、方晶状、柱状和针状等单晶，也可聚集成晶簇，这些形状的成分多为草酸钙。此外还有少数为碳酸钙结晶，如钟乳体。

取鸭跖草、凤仙花、秋海棠等材料茎、叶，用撕取表皮和徒手横切的办法制成临时装片观察，可以看到不同形状的晶体。亦可取印度橡皮树叶片横切片，观察上表皮细胞中悬挂着的瘤状碳酸钙结晶，即钟乳体。

四、实验报告

1. 绘洋葱上表皮或下表皮细胞结构图。
2. 绘马铃薯块茎淀粉粒的结构图。

五、思考题

1. 柿胚乳细胞的细胞壁增厚部分能否称为次生壁？细胞壁增厚的方式有几种？
2. 植物体茎、叶、花、果呈现不同颜色与哪些细胞结构和组分有关？
3. 鉴别植物细胞是否存活有哪些方法？

实验二　植物细胞分裂和植物组织

一、实验目的

1. 观察植物细胞分裂各时期的主要特征。
2. 掌握分生组织的细胞特点。
3. 了解成熟组织的主要类型及其分布位置。
4. 掌握保护组织、输导组织和机械组织等的基本构造和细胞特征。

二、实验材料与用具

实验材料	观察内容
洋葱或玉米根尖纵切片	有丝分裂、分生组织
玉米减数分裂制片	减数分裂
蚕豆、豌豆或小白菜叶片	表皮
椴树茎横切片、杨树枝条	周皮、皮孔
马铃薯块茎、美人蕉叶柄	薄壁组织（贮藏组织和通气组织）
南瓜茎横切片、纵切片	厚角组织、输导组织（导管、筛管）
蚕豆茎、木纤维制片、梨果实	厚壁组织（纤维、石细胞）
白菜叶柄、凤仙花茎	导管
马尾松茎刨花薄片	管胞
柑橘果皮	分泌腔
马尾松茎横切片	分泌道
甘薯、蒲公英茎及其纵切片	乳汁管
棉花老茎、玉米茎、南瓜茎横切片	维管束

　　显微镜、镊子、刀片、载玻片、盖玻片、培养皿、浓盐酸、间苯三酚染液等。

三、实验内容与步骤

1. 植物细胞分裂

（1）有丝分裂。取洋葱或玉米根尖纵切片，观察植物细胞有丝分裂过程。

　　观察时，首先寻找细胞小而细胞核密集，细胞呈方形，排列紧密而无胞间隙，染色深而具有根冠的一端。在这个区域里，可以观察到大量处于有丝分裂各时期的细胞。然后选择有丝分裂各时期的典型细胞，分别移至视野的中央，换高倍物镜仔细观察各时期的主要特征（图1-2-1）。

　　选择前期、中期、后期和末期典型细胞进行观察比较。有丝分裂各时期特点如下：

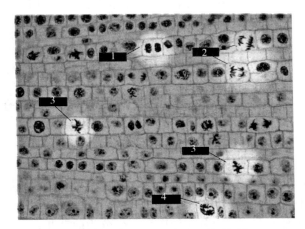

图 1-2-1　洋葱根尖细胞有丝分裂时期
1. 末期　2. 后期　3. 中期　4. 前期

①前期：细胞核出现了染色体且逐渐变短粗，核仁、核膜渐渐解体消失，前期末出现纺锤丝。

②中期：染色体继续缩短变粗，并且所有染色体以着丝点排列在赤道板上，纺锤体形成。

③后期：构成每一条染色体的两条染色单体从着丝点处分离变成两组子染色体，且两组子染色体分别被纺锤丝拉向相反的两极。

④末期：移到两极后的染色体成为密集的一团，并逐渐解螺旋伸长变细而分散，核仁、核膜重新出现，赤道面上出现成膜体进而形成新的细胞壁，最后形成两个子细胞。

（2）减数分裂。减数分裂是一种特殊方式的细胞分裂，仅在配子形成过程中发生。减数分裂与有丝分裂一样，也涉及染色体复制、分离和运动等过程，所不同的是它是连续两次分裂，而染色体仅复制一次，结果形成四个核，每个核只含有单倍数的染色体，因此称为减数分裂。并且减数分裂第一次的前期Ⅰ变化过程复杂，有同源染色体联会、交换与分离等现象发生。

取一系列玉米减数分裂制片，高倍物镜下选择观察植物细胞减数分裂各时期特点，特别注意前期Ⅰ各时期的区别。减数分裂各时期特点如下：

减数分裂Ⅰ分为 4 个时期，即前期Ⅰ、中期Ⅰ、后期Ⅰ和末期Ⅰ。

①前期Ⅰ：该过程比较复杂，进一步细分为 5 个时期。

a. 细线期：染色质浓缩为几条细长的细线，每一条染色体已复制为两个染色单体。

b. 偶线期：同源染色体开始配对，又称联会。配对染色体又称四价体（或称四联体）。

c. 粗线期：染色体缩短变粗，染色单体发生片段交换。

d. 双线期：染色体继续缩短变粗，同源染色体开始分离，此时交叉很明显，呈现 X、Y 或 V 形。

e. 终变期：染色体缩至最短小，两两成对，核仁、核膜消失。此时为计数的最佳时期。

②中期Ⅰ：纺锤体出现，配对的染色体排列在赤道板上。

③后期Ⅰ：同源染色体开始分离，向两极移动。

④末期Ⅰ：染色体到达两极，逐渐转为染色质，核仁、核膜出现，形成两子核，子核的染色体数目已减半。

减数分裂Ⅱ发生在第一次分裂结束后，也分为前期Ⅱ、中期Ⅱ、后期Ⅱ和末期Ⅱ 4 个时期，其分裂过程和特征与一般有丝分裂相似，所不同的是后期Ⅱ移向两极的染色体为单倍的染色体组。减数分裂后形成 4 个子细胞。

2. 分生组织　在有丝分裂实验的基础上，进一步观察洋葱或玉米根尖的纵切片，注意位于根尖分生区部位的就是一种顶端分生组织。思考一下，该组织有哪些细胞学特征？若想观察侧生分生组织和居间分生组织，应该观察什么部位的切片？

3. 成熟组织

（1）保护组织。

①初生保护组织——表皮：用镊子撕取蚕豆叶（或豌豆、小白菜叶片）下表皮一小块，置于滴有清水的载玻片上，盖上盖玻片放在显微镜下观察，可见其表皮细胞的壁不规则，细胞排列紧密，无间隙，表皮有两个肾形的保卫细胞的气孔器，保卫细胞中有叶绿体（图 1-2-2）。

②次生保护组织——周皮：取椴树茎横切片，在显微镜下观察，其横切面最外几层细胞排列紧密，细胞短矩形，无细胞质和细胞核，这是栓化的死细胞，称为木栓层。木栓层内有 1～2 层排列紧密的薄壁细胞，具有明

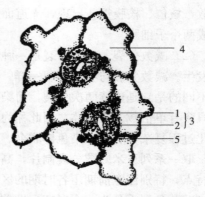

图 1-2-2　蚕豆叶下表皮细胞
1. 保卫细胞　2. 气孔　3. 气孔器
4. 表皮细胞　5. 叶绿体
（引自张乃群等，2006）

显的细胞核，这是木栓形成层，是次生分生组织。木栓形成层以内有几层大型薄壁细胞，这些细胞也有细胞质和细胞核，称为栓内层。木栓形成层进行切向分裂向外形成木栓层，向内形成栓内层，合称周皮，是次生保护组织。

取一年生白杨枝条观察，枝条上有椭圆形的灰白色粒状突起，这就是皮孔。它一般在表皮原来有气孔的地方产生，是茎内外气体交换的通道。

（2）基本组织（薄壁组织）。取马铃薯块茎切成很薄的小块（直径小于盖玻片边长的1/3），再徒手切片制成临时装片，置低倍物镜下观察，可见许多大型薄壁细胞，胞间隙明显，细胞内有大量淀粉粒，这是一种贮藏组织。

取美人蕉叶柄徒手切片制成临时装片，置低倍物镜下观察，可见其细胞为突起放射状，各细胞间以突起相互连接而围成大的细胞间隙，这是通气组织。

（3）机械组织。

①厚角组织：取南瓜茎横切片，置显微镜下先用低倍物镜后转换高倍物镜观察。最外一层为表皮细胞，其上有表皮毛，在紧靠表皮内方可以看到有几层多角形的细胞，在细胞的角隅处加厚，其中暗灰色的洞是细胞腔。

②厚壁组织：

a. 纤维：取木纤维永久制片置低倍物镜下观察，可见被染成红色的纺锤形木纤维，其细胞壁增厚，细胞腔小，是厚壁的死细胞。

取蚕豆茎做徒手横切片，用盐酸-间苯三酚染液染色制片（详见附录一），可见其每个维管束外方都有一束被染成红色的厚壁细胞，这是厚壁组织，即韧皮纤维。

b. 石细胞：用镊子取梨果肉中的"砂粒"（即石细胞团），将其置于载玻片上，用镊子柄压散，用盐酸-间苯三酚染液染色，盖上盖玻片，用吸水纸吸去过多的试剂，置低倍物镜下观察，可清楚地看到近似圆形或椭圆形的石细胞，其木质化的细胞壁高度增厚，被染成红色，细胞腔窄小，是死细胞，增厚的细胞壁上有许多成分支状的单纹孔。

（4）输导组织。

①导管：取南瓜茎横切片，置低倍物镜下观察，把大的维管束移置视野中央，可见维管束中有几个大孔，孔的周围（细胞壁）被染成红色，这就是导管。

取南瓜茎纵切片，置低倍物镜下观察，切片中有些被染成红色的，直径较粗的，次生壁上有各种不同花纹的管状细胞。这些细胞相互连接，两端横壁消失而上下相通，这就是导管。

取白菜梗（俗称白菜帮子）纵向撕破，用镊子取其维管束（俗称筋）一小段，置载玻片中，用镊子柄将其压扁，散开，滴两滴盐酸-间苯三酚染液染色，制片观察，可见被染成红色的导管，导管的次生壁上还有各种不同的花纹。

取新鲜的凤仙花茎一小段，徒手纵切成薄片，选一薄片用盐酸-间苯三酚染液染色，盖上盖玻片，用吸水纸吸去过多的染液，置低倍物镜下观察，可见导管被染成红色，增厚的次生壁有几种不同的花纹。

②筛管：取南瓜茎横切片，置低倍物镜下观察，可见维管束中被染成红色的木质部导管，在导管的内侧和外侧均有被染成绿色的，细胞壁较薄的组织，即韧皮部。韧皮部中筛管分子为多角形，有的还能看到部分筛板或整个筛板，上面有小孔，即筛孔。筛管旁有一些呈三角形或方形的较小细胞，这就是伴胞。

取南瓜茎纵切片，置低倍物镜下观察，可见被染成红色的导管。在导管两侧，看到有些被染成绿色的纵向排列的管状细胞，它们相互连接成筛管，筛管中可见到筛板，板上有小孔，即筛孔。还有一些细胞质丝（即联络索）从筛管中通过，上下相连，筛管旁有一些小型细胞，即伴胞，伴胞里有的能见到细胞核。

③管胞：取马尾松茎木质部刨花薄片一小块，置于载玻片上，用盐酸-间苯三酚染液染色制片观察，可见许多孔纹管胞，管胞上有具缘纹孔。

（5）分泌组织。

①分泌腔：取新鲜柑橘果皮一块，对光观察，可见果皮上有许多透明的小点，用手挤果皮，有芳香气味的油状物自小点中射出，这些透明小点就是分泌腔。用柑橘果皮做成徒手切片观察，可见切片上充满分泌物（挥发油）的分泌腔。这种分泌腔又称油囊，它是细胞之间的壁溶解成的，属于溶生分泌腔。

②分泌道：取马尾松茎横切片，置低倍物镜下观察，见其皮层分布着一些分泌细胞，其胞间层溶解，细胞相互分开而形成长形间隙，并连成管道，这为裂生分泌道。管道内的分泌物为树脂，故称树脂道。

③乳汁管：取新鲜的甘薯茎或蒲公英茎折断后，可见白色汁液自断口处流出，这是从属于内分泌组织的乳汁管流出的。取蒲公英的永久纵切片，置低倍物镜下观察，可见薄壁细胞间有一些染成黄色的纵列长管状细胞，管道中有乳汁，这是乳汁管。

（6）维管束。

①无限外韧维管束：取棉花老茎横切片观察，找到维管束，可见其韧皮部在外，被染成绿色，木质部在内，被染成红色。韧皮部与木质部之间有形成层，是侧生分生组织，能进行切向分裂，向外产生次生韧皮部，向内产生次生木质部，使茎增粗，所以称为无限维管束。又因其韧皮部在外，木质部在内，所以又称无限外韧维管束。

②无限双韧维管束：取南瓜茎横切片，置低倍物镜下观察，可见被染成红色的木质部的内外方均有被染成绿色的韧皮部，木质部与韧皮部之间有形成层，故又称无限双韧维管束。

③有限维管束：取玉米茎横切片，置于低倍物镜下观察，可见维管束散生在基本组织中，维管束内无形成层，所以是有限维管束。又因其韧皮部在外方，木质部在内方，所以又称有限外韧维管束。

四、实验报告

1. 绘梨的石细胞构造图。
2. 绘一种植物叶的表皮细胞及其气孔器，并注明各部分名称。

五、思考题

1. 植物体不同部位分生组织有何异同？
2. 不同类型导管细胞壁的加厚方式有何特点？

实验三　根的形态与结构

一、实验目的

1. 掌握根尖的外形、分区和内部结构。
2. 观察几种不同类型根的初生构造。
3. 观察双子叶植物根的次生结构，了解根维管形成层的发生过程。
4. 了解侧根发生的部位与形成规律。
5. 观察根瘤的形态与结构，理解其发生与形成过程。
6. 学习徒手切片法。

二、实验材料与用具

实验材料	观察内容
小麦籽粒、玉米根尖纵切片	根尖各区形态特征
棉花、蚕豆、毛茛的幼根横切片，新鲜黄豆芽	双子叶植物根的初生结构
水稻根、小麦根横切片，韭菜（或大蒜、吉祥草、麦冬等）根横切片	单子叶植物根的初生结构
棉花老根横切片	根的次生结构
蚕豆侧根横切片	侧根的发生
花生、蚕豆或大豆的根瘤浸制标本，花生、蚕豆或大豆的根瘤横切片	豆科植物的根瘤

显微镜、镊子、刀片、毛笔、滴管、载玻片、盖玻片、滤纸、纱布、培养

皿、蒸馏水、0.1％番红染液等。

三、实验内容与步骤

1. 根尖各区形态特征

（1）在实验前 5～7 d，将小麦籽粒浸水吸胀，置于垫有潮湿滤纸或纱布的培养皿内并加盖，以维持一定的湿度（注意不可被水淹没，否则会影响呼吸，以致腐烂）。然后放入恒温箱中，保持一定的温度（以 15～25 ℃为宜），待幼根长到 2～3 cm 时即可作为实验观察材料（图 1-3-1）。将上述材料置于体视显微镜下仔细辨认根尖各区。尖端透明呈帽状的部分，为能分泌黏液的根冠。根冠向上不透明的略带黄白色的部分为生长点，根尖上具有根毛的部位为成熟区。成熟区与生长点之间较光滑的部分为伸长区。

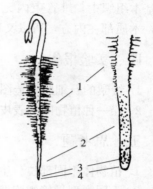

图 1-3-1　根尖的外形与分区
1. 根毛区　2. 伸长区
3. 分生区　4. 根冠
（引自周仪，1993）

（2）取玉米根尖纵切片，置低倍物镜下，从顶端依次向后移动观察。

①根冠：位于根尖顶端，由许多排列疏松、易脱落的薄壁细胞组成，细胞内含淀粉粒。淀粉粒对根深入土壤中的向地性生长有何作用？

②分生区（生长点）：长 1～2 mm，具有分生能力，由于细胞壁薄、核大，排列紧密，其外观表现色暗，不透明或染色较深。最前端少数细胞为原分生组织，其余部分由原分生组织衍生来的细胞组成初生分生组织，它分为原表皮、基本分生组织和原形成层三部分。

③伸长区：位于生长点和根毛区之间。细胞沿纵向轴生长，是根尖深入土层的主要推动力。该处细胞的液泡增大，细胞核挤向细胞边缘，并且开始分化，有时在伸长区也可以看到环纹导管。

④根毛区（成熟区）：表皮细胞外壁向外延伸形成顶端密闭的管状结构（根毛），它的原生质体与表皮细胞相通。根毛是植物根吸收土壤溶液的主要部分，根毛区内部已分化出各种成熟组织。

原表皮分化为表皮，基本分生组织分化为皮层，原形成层分化成维管柱，组成根的初生结构。

2. 根的初生结构

（1）双子叶植物根的初生结构。取棉花或蚕豆幼根横切片置低倍物镜下观察整体轮廓。注意观察表皮细胞的特征、皮层占横切面的比例、韧皮部和木质部排列的方式。再转换高倍物镜由外向内仔细观察。

①表皮：由一层排列紧密而整齐的薄壁细胞组成，其中有些细胞的外壁向外突出形成封闭的管状根毛。

②皮层：占幼根横切面的大部分，由大型排列疏松的薄壁细胞组成，担负着贮藏、通气等生理机能。皮层最内的一层（内皮层）排列紧密，无胞间隙，细胞上下端壁和径向壁栓质增厚的带状结构称为凯氏带。但由于不易切到，横切面上也就不易看到凯氏带，有时只能看到被染成红色的凯氏点（如毛茛）。有些植物外皮层有一至几层排列较紧密的小型细胞，当表皮层脱落后，其细胞壁栓化代替表皮转为初生保护组织。

③维管柱：内皮层以内的部分，居于根的中央，由四部分组成。一是维管柱鞘（又称中柱鞘），与内皮层相连紧密的一至几层薄壁细胞，具有潜在的细胞分裂能力。侧根、不定芽均起源于此。当根增粗生长时，木栓形成层及维管形成层的一部分也发生于此层。二是初生木质部，具放射角。由于原形成层是由外向内进行分化，角端导管较小的为原生木质部，稍后面导管较大的为后生木质部，故称外始式分化。三是初生韧皮部，位于初生木质部各个放射角之间，外端是原生韧皮部，内端是后生韧皮部。四是薄壁细胞，处于初生韧皮部与初生木质部之间的一至几层细胞，将来当根增粗时，它便恢复分生能力，与中柱鞘的部分细胞一起形成维管形成层。

一般幼根中央被初生木质部充满，没有髓部，但因植物不同（如花生、蚕豆）或因取材幼嫩，尚未分化完毕，幼根中央常常出现一群薄壁细胞，称为髓部。

观察毛茛幼根的横切片（图 1-3-2）。其基本结构同上，其显著特点是皮层

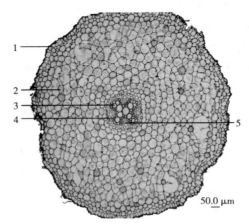

50.0 μm

图 1-3-2　毛茛幼根的横切面
1. 外皮层　2. 皮层　3. 初生木质部　4. 内皮层　5. 初生韧皮部

明显分为三部分：一是外皮层，为 1～2 层排列紧密的细胞；二是皮层，细胞大而圆，胞间隙发达；三是内皮层，细胞排列整齐，五面增厚，可明显看到径向壁上的凯氏点。

　　观察黄豆芽幼根横切面。用新鲜、肥壮的带根黄豆芽，取其幼根徒手切片，番红染液染色，制成临时装片，置低倍物镜下观察后填空。

　　黄豆芽初生根的表皮具有_____，其作用为_____。幼根中占比例最大的是_____，约占比例_____。内皮层显著特征是_____，其功能为_____。维管柱为_____原型，初生木质部与初生韧皮部_____排列。进一步观察黄豆芽根的侧根原基发生于_____。

　　（2）单子叶植物根的初生结构。单子叶植物根初生构造也同样分为表皮、皮层和维管柱三部分，但大多数单子叶植物根没有次生生长，不产生次生结构，同时各部分也各具特点。

　　①水稻老根横切片的观察：

　　a. 表皮：为一层薄壁细胞，往往解体脱落。

　　b. 皮层：分为三层。一是外皮层，由内外两层薄壁细胞夹着一层厚壁细胞组合而成，当表皮细胞脱落之后，厚壁细胞起保护作用；二是皮层薄壁组织，呈同心辐射状排列，不久几列皮层薄壁细胞互相分离解体，成为通气腔；三是内皮层，由一圈五面增厚（外切向壁不增厚）、呈马蹄形的细胞和夹在其间的通道细胞组成。

　　c. 维管柱：初生木质部和初生韧皮部相间排列，维管束为多原型，在水稻老根中除韧皮部外，所有的组织都木质化增厚，为什么？

　　②百合科植物根的横切片观察：取韭菜（或大蒜、吉祥草、麦冬等）根的横切片观察（图 1-3-3），同样分为表皮、皮层和维管柱三部分，中央具髓（薄壁组织），内皮层细胞五面栓化增厚，但与初生木质部辐射角相对应处的细胞壁不增厚，称为通道细胞，清晰可见。这种细胞有何生理功能？

　　③观察小麦根的构造，并与水稻根比较有何异同点。

　　3. 根的次生构造　取棉花老根横切片，置低倍物镜下观察，由外向内大致可分为以下两部分（图 1-3-4）。

　　（1）周皮。位于老根的最外围，由木栓层、木栓形成层、栓内层三部分组成。木栓层由几层排列整齐的扁平长方形的细胞组成，栓内层 2～3 层，由排列不整齐的薄壁活细胞组成。

　　（2）维管柱（由外向内观察）。

　　①次生韧皮部：由维管形成层向外分裂而来，细胞大小不一，排列不规则，其中呈多角形的厚壁细胞为韧皮纤维。

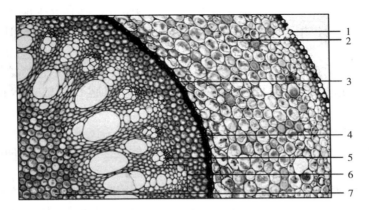

图 1-3-3　百合科植物幼根的初生结构

1. 表皮　2. 皮层　3. 内皮层　4. 中柱鞘　5. 初生韧皮部　6. 初生木质部　7. 髓

（引自 R. Stern Kingsley 等，2004）

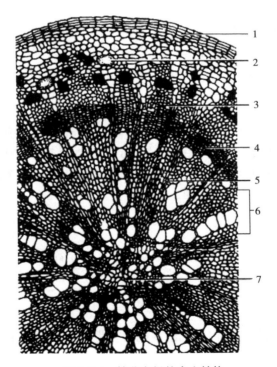

图 1-3-4　棉花老根的次生结构

1. 木栓层　2. 分泌腔　3. 次生韧皮部　4. 形成层　5. 木射线

6. 次生木质部　7. 初生木质部

（引自李扬汉，1984）

②维管形成层：为一层扁平、狭长、排列整齐、具有分生能力的薄壁细胞，由于其分裂衍生出来的子细胞也有一定的分裂能力，形状相似，成形成层带。

③次生木质部：位于维管形成层内侧，所占比例最大，包括被染成红色的导管、管胞和木纤维细胞，除此还有木薄壁细胞和呈辐射状排列的木射线。

④初生木质部：四原型，仍位于原来初生构造的位置上。

⑤射线：起始于初生木质部棱端，向外延伸直达栓内层，为径向排列的薄壁细胞，分为木射线和韧皮射线。其各有何功能？

4. 侧根的发生 取蚕豆侧根横切片在低倍物镜下观察，可见在根毛区初生木质部辐射角相对应处的中柱鞘细胞顶端，切向分裂增加层数，继而向各个方向分裂，产生一团新细胞，形成侧根原基。该部位细胞进行分裂而分化出生长点和根冠，生长点细胞不断分裂、生长和分化，穿过母根皮层和表皮伸出体外，形成侧根。

5. 豆科植物的根瘤

（1）外形观察。取花生、蚕豆或大豆植株的根系和根瘤浸制标本观察，注意在根部着生的一些瘤状突起就是根瘤。它是根的皮层细胞受根瘤菌的刺激进而畸形分裂而成的。

（2）内部结构。取花生、蚕豆或大豆根具根瘤的横切片，放在低倍物镜下观察。首先依据根的结构特点，区分根本体和根瘤部分，根瘤之外围为栓质化的细胞所包裹，其内为根的皮层薄壁细胞，它们是其畸形增生的结果。中央染色较深的部分是含菌组织，根瘤菌充满在它的细胞质内，呈颗粒状。注意根瘤部分有无维管束和根本体相连通。

四、实验报告

1. 绘棉花幼根横切面简图，并引线注明各部分名称。
2. 绘棉花老根横切面详图，并引线注明各部分名称。

五、思考题

1. 通过对根的初生结构的观察，说明初生根的各部分结构与其功能的适应性。

2. 双子叶植物根的次生结构与初生结构相比，增加了哪些部分？哪些结构消失了？为什么？

3. 细小的侧根与根毛有何区别？它们是如何形成的？

实验四　茎的形态与结构

一、实验目的

1. 观察茎的基本形态。
2. 观察双子叶植物茎的初生结构和次生结构。
3. 观察单子叶植物茎的结构。
4. 进一步掌握徒手切片法。

二、实验材料与用具

实验材料	观察内容
杨树或胡桃的三年生枝条、苹果或梨的枝条（长枝和短枝）	茎的基本形态
棉花幼茎横切片、向日葵幼茎横切片	双子叶植物茎的初生结构
红菜薹幼茎	徒手切片，观察茎的初生结构
棉花或椴树的老茎横切片	双子叶植物茎的次生结构
水稻或小麦的幼苗	分蘖、拔节
水稻茎横切片、玉米茎横切片	单子叶植物茎的结构

显微镜、镊子、刀片、毛笔、滴管、载玻片、盖玻片、培养皿、0.1%番红染液等。

三、实验内容与步骤

1. 茎的基本形态　取三年生的杨树、胡桃或其他多年生木本植物的枝条（最好带侧枝），观察其形态特征（图 1-4-1）。

（1）节与节间。茎上着生叶的位置称节，两节之间的部分称节间。

（2）顶芽与腋芽（侧芽）。着生于枝条顶端的芽称顶芽；着生于叶腋处的称腋芽，也称侧芽。

（3）叶痕与束痕。叶脱落后在茎上留下的疤痕，称叶痕；在叶痕上的点状突起是叶柄与枝条中的维管束断离后留下的痕迹，称维管束痕或束痕。

（4）芽鳞痕。芽鳞痕是芽发育为新枝时，芽鳞脱落后留下的痕迹。常在茎的周围排列成环。根据芽鳞痕可以判断枝条的生长年龄。

（5）皮孔。皮孔为茎表面的裂缝状的小孔，是茎与外界的通气结构。

观察苹果和梨的枝条，注意区别它们的长枝和短枝。长枝的节间较长，短枝的节间很短，生长很慢，一般果树只在短枝上开花结果，所以也称果枝。

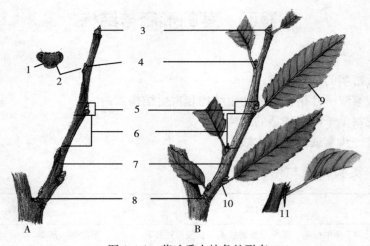

图 1-4-1　落叶乔木枝条的形态

A. 冬态枝条　B. 夏态枝条

1. 维管束痕　2. 叶痕　3. 顶芽　4. 腋芽　5. 节　6. 节间　7. 皮孔

8. 芽鳞痕　9. 叶片　10. 叶柄　11. 托叶

（引自 R. Stern Kingsley 等，2004）

2. 双子叶植物茎的初生结构

（1）观察棉幼茎横切片。

①表皮：由一层细胞组成，细胞排列紧密而整齐。表皮上着生多细胞的表皮毛和腺毛。外缘壁有角质层和气孔器。

②皮层：位于表皮和维管柱之间。由厚角组织和薄壁组织共同组成，外围细胞含有叶绿体，皮层中有分泌腔，内皮层不明显。

③维管柱：在皮层以内，占比最大，形成柱体，包括维管束、髓和髓射线三部分。

a. 维管束：数目较多，排成一轮，每个维管束由外而内包括初生韧皮部、束内形成层和初生木质部，导管往往成行排列，由内向外导管的直径逐渐增大。请思考其分化方式是外始式还是内始式？

b. 髓：位于茎的中央，由大的薄壁细胞组成。

c. 髓射线：位于两个维管束之间的 2～3 层薄壁细胞，径向排列，内接髓部，起贮藏和横向输导作用。

（2）观察向日葵幼茎横切片。向日葵茎亦由表皮、皮层和维管柱三部分组成。维管束细胞较小，密集成束，排列成环状。每个维管束包括：①初生韧皮部，发育方式为外始式，韧皮纤维特别发达，大型的筛管和三角形或四边形的伴胞显而易见；②束内形成层，每束维管束内，在初生韧皮部和初生木质部之间，一些具有潜在分生能力的扁长方形细胞，组成束内形成层；③初生木质部，发育方式为内始式。髓射线在两个维管束之间，茎中央大而圆、排列疏松的薄壁细胞组成髓部（图 1-4-2）。

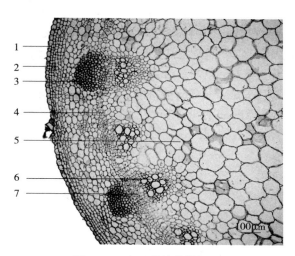

图 1-4-2　向日葵幼茎横切面
1. 表皮　2. 皮层　3. 初生韧皮部　4. 髓射线　5. 髓
6. 初生木质部　7. 束内形成层

　　（3）活体切片。取黄豆芽或红菜薹幼茎，徒手切片，番红染液染色，制成临时装片观察，验证茎的初生结构特点，并填空。

　　表皮：细胞外壁有_____。

　　皮层：最外有_____层厚角细胞和_____层内含叶绿体的薄壁细胞。

　　维管柱：维管束排列成_____，维管束内有几层_____，为_____维管束。其初生木质部为_____式分化。

　　髓占茎横切面_____比例，其内贮藏有_____物质。髓射线位于_____，由髓通达_____，呈_____状，起_____作用。

　　3. 双子叶植物茎的次生结构　　观察棉花或椴树老茎横切片。

　　（1）表皮。木栓组织发生后，茎的表皮崩溃，残留部分染色较深。

　　（2）周皮。

　　①木栓层：为周皮的外部排列整齐的死细胞。

　　②木栓形成层：位于木栓层内侧，细胞扁平狭小，不易辨认。

　　③栓内层：为周皮内的薄壁细胞，排列不甚规则，具有细胞间隙，染色稍

浅，常含叶绿体。

④皮孔：周皮形成过程中，由木栓形成层向外分裂不形成木栓细胞而产生许多圆球形的薄壁细胞，胞间隙大，向外突出，形成裂口，称为皮孔，分布在木栓层上。

（3）皮层。位于木栓组织内方，由两种组织组成（多年生老茎无）。

①厚角组织：由栓内层的内侧2～3层厚角细胞组成，染色较深。

②薄壁组织：位于厚角组织的内侧，有的细胞含有淀粉粒或晶体。

（4）维管柱。位于皮层以内，分以下几部分：

①韧皮部：初生韧皮部（有的被挤破）内为次生韧皮部，其中有细胞壁加厚的次生韧皮纤维和薄壁细胞，有的薄壁细胞含有淀粉粒或晶体，此外还有筛管、伴胞和径向排列呈放射状的韧皮射线。

②维管形成层：位于韧皮部和木质部之间，由束内和束间形成层连接而成。

③木质部：次生木质部很发达，其中可见多边形的大型导管，直径较小、多边形的管胞，木纤维以及由薄壁细胞构成的木射线。初生木质部位于内方，其中没有木射线。

④髓射线：位于维管束之间，呈喇叭状。

⑤髓：位于维管柱中央，由大型薄壁细胞构成，常含淀粉粒，其外围有一圈小型厚壁细胞称为环髓带。

（5）年轮、边材和心材。观察椴树老茎的横切片后填空。

数一下有_____年轮。春材的结构特点_____；而秋材的结构特点_____；边材由_____构成；而心材中导管常被_____所堵塞，因而已失去输导功能。

4. 单子叶植物茎的结构　观察禾本科植物水稻或小麦的幼苗，其顶端生长非常缓慢，分枝密集于茎的基部，每节着生一条形叶，叶片丛生，每叶基部有一个腋芽，长出新枝的基节上产生不定根，禾本科植物的这种分枝方式称为分蘖。

观察拔节苗。禾本科植物每个节间基部都保持幼嫩的生长环，即居间分生组织，当主茎基部节间进行居间生长时，即农业上称的拔节。

（1）水稻茎的结构。取水稻茎横切片置于低倍物镜下观察，可见茎横切面上有表皮、机械组织、基本组织和分散在基本组织中的维管束以及中央的髓腔，再转换高倍物镜仔细观察各部分。

①表皮：茎的最外层，细胞排列整齐而紧密，外壁角质化、硅化增厚，有时可看到气孔。

②机械组织：表皮内的几层厚壁细胞，一般被染成红色。

③基本组织：机械组织以内的部分均为基本组织，近外方的薄壁细胞常含有叶绿体，基本组织中还可以看到气腔。

④维管束：排列成两轮，外轮维管束小，埋于机械组织中，内轮维管束较大，分布于基本组织中，选一个大而清晰的维管束仔细观察。

a. 维管束鞘：为包围维管束外围的1～2层厚壁细胞，被染成红色。

b. 初生韧皮部：位于维管束的外方，被染成绿色，原生韧皮部被挤毁，后生韧皮部包括较大的筛管和很小的伴胞，非常明显。

c. 初生木质部：在初生韧皮部的内方，导管、管胞被染成红色。初生木质部轮廓呈 V 形，两个大型后生孔纹导管为 V 形的两臂，而原生木质部的环纹、螺纹导管则在 V 形的基部，常可看到原生木质部被挤压破坏形成空腔，称为气隙。

韧皮部与木质部之间没有形成层，不能增粗生长，故称为外韧有限维管束。

d. 髓腔：茎的中空部分，由薄壁细胞破裂而来。

（2）玉米茎的结构。取玉米茎横切片，置于低倍物镜下观察，注意下列特点（图1-4-3）：许多维管束分散在整个基本组织中，不排列成环状，无法区别髓、髓射线与皮层三者的界限。维管束无形成层，茎越老，维管束鞘细胞越

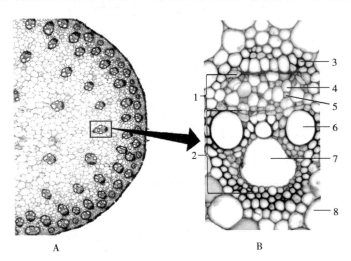

图 1-4-3　玉米茎的横切面（部分）及一个维管束的放大

A. 玉米茎横切面　B. 维管束放大

1. 韧皮部　2. 木质部　3. 维管束鞘　4. 筛管　5. 伴胞　6. 导管

7. 气腔　8. 基本组织

（引自 R. Stern Kingsley 等，2004）

多，了解概况后，再仔细观察各部分的特征。

①表皮：由一层细胞组成，其外沿壁有角质层覆盖。

②机械组织：表皮以内一至几层厚壁细胞。

③基本组织：除维管束外，充满整个茎内，由大型薄壁细胞组成，有明显胞间隙。

④维管束：结构同水稻的维管束。

四、实验报告

1. 绘棉花老茎部分横切面图，并注明各部分名称。

2. 绘水稻茎横切面的局部图，并注明各部分名称。

五、思考题

1. 比较玉米和水稻茎的横切面结构有何异同。

2. 比较单子叶植物和双子叶植物茎的初生结构有何不同。

3. 根、茎形成层细胞来源有何异同？它们能分化出哪些细胞？在植物体内起什么作用？

实验五　叶的形态与结构

一、实验目的

1. 了解一般叶的外部形态，掌握描述叶片形状、叶序、脉序和复叶类型的常用专业术语。

2. 观察常见植物叶（包括叶柄）的解剖结构特征。

3. 学习利用夹持物进行徒手切片。

二、实验材料与用具

实验材料	观察内容
木芙蓉、葡萄、苎麻等植物的叶	双子叶植物叶的形态
水稻、小麦、狗牙根等植物的叶	禾本科植物叶的形态
刺槐、合欢、豌豆、柑橘等植物的叶	不同类型的复叶
蚕豆叶	叶柄的结构
棉花叶横切片	双子叶植物叶片的结构
水稻、小麦、大麦的叶及其横切片	单子叶植物叶片的结构
玉米叶横切片	C_4植物叶片的典型结构
狗牙根叶片	徒手切片法观察叶的结构

显微镜、镊子、刀片、毛笔、滴管、萝卜（夹持物）、载玻片、盖玻片、培养皿、0.1％番红染液等。

三、实验内容与步骤

1. 叶的形态

（1）观察木芙蓉、葡萄、苎麻叶，区分叶片、叶柄和托叶，它们是否都具有这三部分？缺少一部分就称为_____叶，其叶脉均为_____脉。

（2）观察禾本科植物水稻、小麦、狗牙根等的叶片形态，分清叶鞘、叶片、叶环、叶耳和叶舌，它们的叶脉均为_____脉。

（3）复叶的类型。刺槐叶为_____复叶，合欢叶为_____复叶，豌豆叶为_____复叶，柑橘叶为_____复叶。

2. 叶柄结构　取蚕豆叶柄，徒手切片，番红染色，制成叶柄横切面的临时装片，置低倍物镜下观察，将结构填写于下：

叶柄外围有_____层表皮细胞，表皮细胞外缘壁_____化，具有表皮毛，皮层细胞内含有_____，外皮层为_____组织，故在光照强弱不均匀的情况下，叶柄可以_____，使叶片朝向阳光不致相互重叠。维管束排列呈 C 形，凹口朝上，数一下有_____个大型维管束、_____个小型维管束，每个维管束韧皮部位于_____方，木质部位于_____方，有束内_____，具有短期分裂活动，维管束的两端有机械组织起支持巩固作用。依你所看，叶柄的结构与_____相似。

3. 双子叶植物叶片内部结构　取棉花叶横切片，置于显微镜下观察，可看到以下部分（图 1-5-1）。

（1）表皮。表皮层覆盖在叶的上下表面。上表皮外沿有透明的角质层，角质层和蜡被组成锯齿状突起，有些表皮细胞向外突起，形成单细胞的表皮毛或头状多细胞腺毛。上下表皮都有气孔，但以下表皮为多，气孔下室发达，有利于气体交换。

（2）叶肉。位于上下表皮之间。叶肉是光合作用的场所。棉叶叶肉细胞分化为栅栏组织和海绵组织，这样的叶称为异面叶。栅栏组织细胞在上表皮之下，由一层圆柱形细胞组成，排列整齐，恰似栅栏，细胞间隙较小，细胞内富含叶绿体。而海绵组织位于栅栏组织和下表皮之间，细胞排列不整齐，细胞间隙极发达。

（3）叶脉。叶的中部是大型叶脉，即主脉。主脉近上下表皮处均有厚角组织起支持作用，再向内为基本组织，靠下表皮基本组织较多，形成了明显的突起。维管束位于主脉中央，呈倒扇形，上部为木质部，导管排列成串呈放射

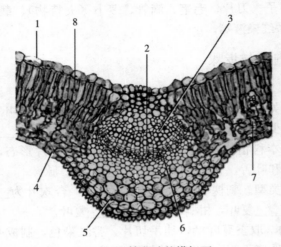

图 1-5-1　棉花叶的横切面
1. 上表皮　2. 束中形成层　3. 木质部　4. 下表皮　5. 厚角组织
6. 韧皮部　7. 海绵组织　8. 栅栏组织

状，导管之间为薄壁细胞；下部为韧皮部，细胞小而致密。木质部与韧皮部之间形成层不明显。

叶肉中分布有许多横切、纵切或斜切的侧脉，即维管束。每束叶脉外有维管束鞘包围，内含木质部和韧皮部。叶脉越细，其结构越简单，木质部仅有导管，韧皮部仅有筛管。此外，叶片中还可见分泌腔结构。

4. 单子叶植物叶片结构　禾本科植物营养叶的细胞类型较为复杂，从起源和形态来分，仍分为表皮系统、叶肉系统和维管束系统。

（1）叶片的结构。取禾本科植物（小麦、大麦、水稻等）拔节后的高位叶，撕取表皮或用刀片蘸水刮去叶肉留下表皮层，制成临时装片，置显微镜下观察。表皮含有不同的细胞群，顺长轴与叶脉平行排列，长方形细胞占大部分，插入长细胞行列之间的为短细胞行列，即硅细胞和木栓细胞，细胞壁侧向壁为锯齿状，气孔和长细胞有规律地交互排列着。每个气孔器含有 4 个细胞，两个狭窄哑铃状的保卫细胞，靠气孔道的一方的细胞壁厚，其他部分为薄壁，两个副卫细胞是薄壁结构，与保卫细胞相连，表皮毛为单细胞。

（2）水稻叶横切片观察。

①表皮：上、下表皮层是由排列紧密的表皮细胞构成，表皮细胞的外壁沿壁角化增厚，充满硅质，气孔器稍内陷。在上表皮两个维管束之间有几个扇形排列的大型运动细胞，称泡状细胞，与同化组织相连接。

②叶肉：没有栅栏组织和海绵组织之分，故称等面叶。细胞形状不规则，

含有大量叶绿体，大多数细胞壁内皱呈多环状，似有峰、谷、腰、环之分，有的也呈梅花形，以增加叶肉细胞的表面积，有利于叶绿体的排列，扩大光合作用的面积。

③叶脉：为平行叶脉。横向排列的维管束从一个细小平行脉连到另一个细小平行脉，不具有形成层，均属有限维管束。维管束鞘细胞1～2层，因品种而不同。具有两层维管束鞘的，外层细胞大，壁薄，内含少数叶绿体，内层细胞小，为厚壁细胞组成，这是 C_3 植物的典型特征，叶脉的上下方都有厚壁细胞，与表皮细胞相连，起支持作用，并将叶肉隔开。

水稻叶的中脉两侧，有发达的通气组织——气腔，有些气腔与根茎通气组织相通，有利于交换气体。

（3）小麦叶横切片观察。观察小麦叶的横切面结构，并与水稻叶的比较有何异同点。

（4）玉米叶横切片观察。取玉米叶横切片，仔细观察维管束结构。其维管束鞘为单圈大型薄壁细胞，内含的叶绿体比叶肉细胞内的叶绿体大而多，维管束鞘外被叶肉细胞所包围，组成花环状结构，这是 C_4 植物的典型结构（图1-5-2）。

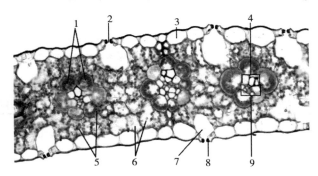

图1-5-2　玉米叶的横切面

1. 维管束鞘　2. 气孔　3. 表皮细胞　4. 木质部　5. 叶绿体　6. 叶肉细胞
7. 气孔下室　8. 保卫细胞　9. 韧皮部

（引自 R. Stern Kingsley 等，2004）

（5）狗牙根叶片观察。取狗牙根叶片，放于夹持物中，进行徒手切片，放于清水中，挑取薄片，制成临时装片，置低倍物镜下观察，其维管束鞘为_____层，由_____壁细胞组成，内含叶绿体比叶肉细胞中的_____，维管束鞘细胞紧紧相连，呈_____状，属_____植物。

四、实验报告

绘棉花叶和水稻叶横切面图，并比较它们的异同点。

五、思考题

1. 在显微镜下如何判断玉米叶横切面的上、下表皮？
2. 在显微镜下如何从维管束的结构上区别玉米叶和小麦叶？

实验六 花的形态与结构

一、实验目的

1. 了解被子植物花的外部形态及其各组成部分的特点。
2. 掌握被子植物花的几种主要结构类型，学习解剖花以及使用花程式描述花的方法。
3. 掌握花药的结构和花粉粒的形成过程。
4. 掌握子房、胚珠的结构和成熟胚囊的形成过程。

二、实验材料与用具

实验材料	观察内容
油菜、荠菜、蚕豆、豌豆等植物的花	双子叶植物花的组成
小麦的小穗	禾本科植物花的组成
百合未成熟和成熟的花药横切片	花药的结构
油菜角果、豌豆或蚕豆荚果	子房的内部结构
百合、棉花、蚕豆的子房横切片	子房、胚珠和成熟胚囊的内部结构

显微镜、镊子、解剖针、刀片、载玻片、盖玻片、蒸馏水、吸水纸、擦镜纸等。

三、实验内容与步骤

1. 双子叶植物花的组成 取油菜、荠菜、蚕豆和豌豆等植物的花，用解剖针、镊子和体视显微镜进行观察。

（1）花萼（花程式中以 K 表示）。最外方（花的最下方），一般呈绿色，由萼片组成。

（2）花冠（花程式中以 C 表示）。花萼的内方，由花瓣组成，颜色多样。

（3）雄蕊群（花程式中以 A 表示）。花冠内方，由雄蕊组成。每个雄蕊由花药和花丝两部分组成。

（4）雌蕊群（花程式中以 G 表示）。花的最中央，由雌蕊组成。每个雌蕊由柱头、花柱和子房三部分组成。

（5）花托。花梗顶端膨大部分，其节间缩短，其上着生着花萼、花冠、雄蕊群和雌蕊群。

仔细观察上述几种植物花的子房与其花托的相对位置，是上位子房还是下位子房？在花程式中如何表示？

（6）花梗。花着生的小枝，较短。

2. 禾本科植物花的组成 取小麦小穗观察（图1-6-1）。

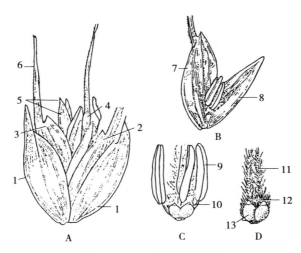

图1-6-1 小麦小穗的组成

A. 小穗 B. 小花 C. 雄蕊 D. 雌蕊

1. 颖片 2. 第一小花 3. 第二小花 4. 第三小花 5. 第四小花 6. 芒 7. 外稃
8. 内稃 9. 花药 10. 花丝 11. 柱头 12. 子房 13. 浆片

（引自李扬汉，1984）

（1）小穗柄（梗）。位于小穗的基部，极短或无。

（2）颖片。位于小穗基部的最外方（即下方），2枚，居于下位的称外颖，居于上位的称内颖，均呈革质、卵形。

（3）小花。在2枚颖片之间有2~5朵小花，顶端的小花往往退化不发育。小花由以下5部分组成。

①外稃：实为一朵花的基部的苞片，其中脉常外延成芒，1枚。

②内稃：实为一朵花的基部的小花被片，1枚

③浆片：位于外稃和内稃之间的2个突起的囊状物，是小花的花被片的变态。它吸水膨大撑开外稃或内稃，使雌、雄蕊伸出外面。

④雄蕊：雄蕊3枚，由花药或花丝组成。注意花药和花丝以"丁"字形着生。

⑤雌蕊：位于中央，1枚，由柱头、花柱和子房组成。注意柱头呈二叉分裂（示其子房由2个心皮构成），其上有呈羽状的细小分枝，花柱极短，难以看见。

3. 花药的结构　取百合未成熟花药横切永久制片，先用低倍物镜观察，然后转换高倍物镜观察。

（1）造孢细胞时期。置于低倍物镜下观察，可见到百合花药由4个花粉囊组成，中央为药隔，药隔中有维管束，取1个花粉囊于视野中央，再转换高倍物镜观察，可见到花粉囊结构。

①表皮：花粉囊最外一层细胞，原为花药的表皮层。

②药室内壁：表皮内有一层大型薄壁细胞，近方形。

③中层：药室内壁层之内2～3层较扁平的细胞层。

④绒毡层：花粉囊壁最内一层，细胞略呈长方形，个体较大，可见到每个细胞中有1至多个细胞核。

⑤造孢细胞：花粉囊的最中央，呈多角形、细胞质浓、核大的细胞群，即造孢细胞，有的造孢细胞已分化成花粉母细胞。

（2）单核花粉粒形成期。取比上述者发育晚的百合花药横切片进行观察，可见以下部分结构变化情况。

①表皮：表皮无变化。

②药室内壁：药室内壁无变化。

③绒毡层：绒毡层细胞已破裂或残缺不全，花粉母细胞开始减数分裂，有的已形成2个或4个细胞，若为4个，则谓四分孢子。每个四分孢子细胞中只含有1个核。

（3）成熟花粉粒时期。取百合成熟花药横切片（图1-6-2）观察，可看到以下部分结构变化情况。

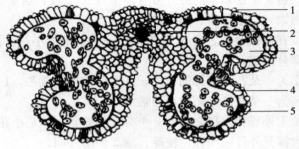

图1-6-2　百合成熟花药的横切面

1. 表皮　2. 维管束　3. 花粉囊　4. 纤维层　5. 花粉粒

（引自周仪，1993）

①表皮：萎缩或残缺不全。

②药室内壁：其细胞中的淀粉粒已消失，细胞壁斜条状加厚。药室内壁变成了纤维层。

③中层：营养物质被吸收完，中层细胞消失。

④绒毡层：营养物质被吸收完，绒毡层细胞消失。

单核花粉粒已经成为成熟花粉粒，即成熟的雄配子体。

4. 子房的内部构造

（1）实物观察。取油菜的角果、豌豆或蚕豆的荚果进行观察。

①观察角果和荚果的柱头、花柱和子房长度的比例。

②观察豌豆或蚕豆荚果背、腹缝线所在的位置。

③剥开角果或荚果，观察它们的种子（由胚珠发育而来）着生的位置。

（2）百合子房结构的观察。取百合子房横切片，置于低倍物镜下观察，可见到子房壁、子房室、胎座和胚珠等结构（图1-6-3）。

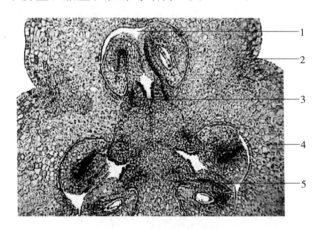

图1-6-3 百合子房的横切面

1. 子房室 2. 腹缝线 3. 胎座 4. 子房壁 5. 胚珠

①子房壁：百合子房是由3个心皮构成的。每个心皮的边缘向内延伸而汇合，形成中轴胎座。外子房壁的细胞小，排列整齐，其上有气孔，内子房壁上无气孔。内、外子房壁之间为圆形薄壁细胞组成的薄壁组织。

②子房室：因百合子房是由3个心皮构成的中轴胎座，所以有3个子房室。每个子房室内有多个胚珠，由于是横切面，所以在同一平面上的每个子房室内只能见到2个胚珠。

③胎座：胚珠着生的地方，即子房的腹缝线上的突起。

④胚珠：每个胎座上着生有一个倒生胚珠，将来发育成种子。选取一个清

晰而完整的胚珠，仔细观察它的结构（图 1-6-4）。

　　a. 珠柄：珠柄是胚珠的珠心组织的基部与子房腹缝线上的胎座相连的部分，将来发育成种柄。

　　b. 珠被：位于胚珠的外方，是由珠心基部的分裂较快的表皮细胞发育而成，包围珠心，有外珠被和内珠被之分，将来发育成种皮。

　　c. 珠心：为珠被所包围的一团薄壁组织，在其中央有一个胚囊。

　　d. 珠孔：珠孔是珠被包围珠心组织时，未愈合的一个小孔，将来发育成种孔。种子萌芽时胚根经种孔伸入土层之中。

　　e. 合点：合点是珠心、珠被和珠柄三者汇合的地方。

　　f. 胚囊：胚囊由胚囊母细胞经减数分裂形成的四分体靠合点端的一个细胞发育而成，最初为单核，后来细胞连续进行 3 次有丝分裂，形成一个具有八核或七个细胞的成熟胚囊。

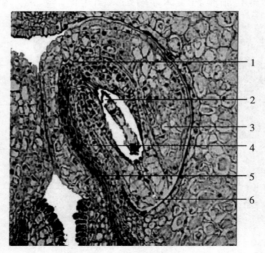

图 1-6-4　百合子房中胚珠的结构
1. 合点　2. 胚囊　3. 珠被　4. 珠心　5. 珠柄　6. 珠孔

　　（3）棉花子房结构的观察。取棉花子房横切永久制片，置于低倍物镜下观察，可见到棉花子房是由 3～5 个心皮组成的 3～5 个子房室，每个心皮的腹缝线向中央延伸，形成中轴胎座。每个子房室的腹缝线上形成 2 行倒生的胚珠。由于是横切的，每个子房内只能看见 1～2 个胚珠，选取一个完整的胚珠进行观察。

　　（4）蚕豆子房结构的观察。取蚕豆子房横切片，置于低倍物镜下，观察子房、胚珠和胚囊的结构。

四、实验报告

1. 观察几种植物花的结构，写出它们的花程式（有关概念和书写要求见植物学理论课教材），并用专业术语进行描述。

2. 绘百合子房横切面简图及一个胚珠的结构。

五、思考题

1. 阐明小麦花与花序的关系。

2. 为什么说花是一个适于生殖的变态短枝？

3. 雌蕊由什么构成？分几部分？子房的构造如何？胚珠在何处发生？

实验七　胚的发育、果实和种子的结构与类型

一、目的与要求

1. 掌握双子叶植物胚的发育过程与规律。

2. 掌握单子叶植物胚的发育特点。

3. 学会荠菜胚的整体压挤法。

4. 了解果实和种子的结构组成及各部分的来源。

5. 掌握果实主要类型的特征。

6. 掌握各类种子的结构特点。

二、实验材料与用具

实验材料	观察内容
荠菜子房纵切永久制片，新鲜荠菜植株（有花和果实）	双子叶植物胚的发育和结构
小麦或玉米的颖果纵切片	单子叶植物胚的发育和结构
棉花胚乳永久制片	核型胚乳的发育
柑橘种子	多胚现象
桃果实	真果的结构
苹果果实	假果的结构
番茄、柑橘、梨、黄瓜、棉花、油菜、花生、板栗、向日葵等植物的果实	不同类型的单果
草莓花及其果实	聚合果
桑的雌花序及果实（桑葚），凤梨、无花果的果实	聚花果
蚕豆、菜豆、花生和棉花的种子	双子叶无胚乳种子
蓖麻的果实和种子	双子叶有胚乳种子
玉米、小麦和水稻的颖果及胚的纵切片	单子叶有胚乳种子

显微镜、镊子、载玻片、盖玻片、表面皿、5％KOH 溶液、10％甘油、I₂-KI 溶液、吸水纸、擦镜纸等。

三、实验内容与步骤

1. 双子叶植物胚的发育和结构

（1）观察荠菜的胚。取荠菜子房纵切永久制片，置于低倍物镜下观察，找出不同发育时期的胚，仔细观察它们的形态和结构（图 1-7-1）。

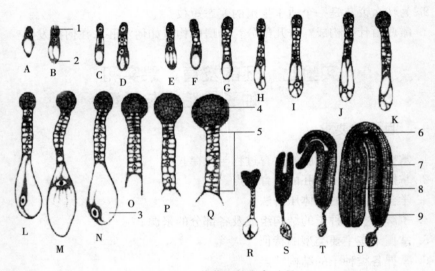

图 1-7-1　荠菜胚的发育过程

A. 合子　B. 二细胞原胚　C～J. 基细胞横裂为胚柄　K～Q. 球形胚　R. 心形胚

S. 鱼雷形胚　T. 马蹄形胚　U. 成熟胚

1. 顶细胞　2. 基细胞　3. 泡状细胞　4. 胚体　5. 胚柄

6. 胚芽　7. 胚轴　8. 子叶　9. 胚根

（引自张乃群等，2006）

①早期胚（T 形原胚）：顶细胞进行纵裂，基细胞进行横裂，形成的细胞构成 T 形。

②球形胚：顶细胞纵裂（相互垂直）形成四分体；四分体横裂一次，形成八分体；八分体以后分裂形成一个球形胚体。

③心形胚：球形胚继续进行分裂，顶端的两侧细胞分裂最活跃，形成两个突起的子叶原基，中央凹陷，这时期幼胚的纵切面呈心形。

④鱼雷形胚：子叶在基部继续生长，下胚轴也伸长生长，整体形似鱼雷。

⑤马蹄形胚：胚体明显分出胚根、子叶、胚芽和胚轴。

⑥成熟胚：此时期胚的最明显特点是胚占据整个胚囊，胚柄细胞和基细胞消失，胚乳和珠心组织消失，子叶粗而弯曲。

（2）荠菜胚的整体压挤法。本方法可对荠菜胚的发育进行活体观察，色彩自然逼真，方法简便，效果好。

取新鲜的荠菜胚珠放在盛有 5% KOH 溶液的表面皿中浸泡 5 min 左右，用清水漂洗后，置于载玻片上，加一滴 10% 甘油，盖上盖玻片，然后轻轻敲击盖玻片的上方，即可将完整的荠菜幼小胚从胚珠中压挤出来，置光学显微镜下观察。

按上述的压挤法，分别采摘不同大小的荠菜角果，剥取发育程度不同的胚珠，可分别制成不同发育时期荠菜胚的临时装片，进行荠菜胚发育过程的系统观察。

注意：使用这种压挤法，胚珠必须新鲜，胚才具有一定的韧性。否则压挤时全被压碎，致无法观察。此外，还要注意 KOH 溶液的浸泡时间要适当。

2. 单子叶植物胚的发育和结构　取小麦或玉米颖果纵切片观察，可见到一个发育成熟的胚。胚的发育经历了以下几个阶段：

（1）原胚。顶细胞裂成 2 个细胞，基细胞横裂成 2 个细胞，形成 4 个细胞，即原胚。

（2）梨形胚。原胚不断分裂而扩大，逐渐形成梨形胚。

（3）不对称形胚。梨形胚进一步分化，在其一侧（腹面）形成一个凹沟，使腹面分为顶端区、器官形成区和胚柄细胞区。

（4）成熟胚。胚的顶端区形成盾片上半部和胚芽鞘的一部分。器官形成区形成胚芽鞘其余的部分，如胚芽、胚轴、胚根、胚根鞘和外胚叶等。胚柄细胞区形成盾片的下部和胚柄。

3. 核型胚乳的发育　取棉花胚乳永久制片，置于低倍物镜下观察，可以看到核型胚乳的发育过程。

（1）核分裂时期（游离核期）。初生胚乳核不断地进行有丝分裂，形成许多呈游离状的核，布满整个胚囊之中，还能清晰地看到有的核正在进行分裂之中。

（2）胚乳细胞形成期。当胚发育到一定时期，呈游离状态的胚乳细胞被新形成的细胞壁包围而成为胚乳细胞。

4. 多胚现象　取柑橘新鲜成熟的种子，用镊子小心剥去种皮，可见到数枚大小不一的胚存在。

5. 果实的结构及类型

（1）真果与假果。

①真果：取一个新鲜桃的果实，用水果刀进行纵切后观察。

a. 外果皮：一层细胞，其上有很多毛，由子房外壁发育而来。

b. 中果皮：由许多肉质而多汁液的薄壁细胞形成，是可食用的主要部分，由子房壁的中层发育而成。

c. 内果皮：坚硬，高度石细胞化，由子房内壁发育而成，内果皮内含有一粒种子。

②假果：取一个新鲜苹果从正中纵切成两片，观察结构。

a. 肉质花筒（托杯）：由花冠筒发育而成肉质化的可食用的主要部分。

b. 外果皮：这部分也肉质化，成为可食的一部分。

c. 中果皮：这部分也肉质化，构成可食用的一部分。

d. 内果皮：革质化，其内含有种子。

可见，苹果可食用的部分包括 3 个部分，即肉质化的花筒、外果皮和中果皮。

（2）单果、聚合果和聚花果。

①单果的结构：如上述，桃花和苹果花只有一个雌蕊，后来只形成一个果实，就称单果。这种单果可以由一个心皮形成，也可以由 2 至多个心皮合生而成。

②聚合果的结构：在一朵花中，有许多分离的心皮（雌蕊），以后每个心皮形成一个小果，并相聚在同一个花托之上，称为聚合果，如草莓、芍药、牡丹、毛茛、蔷薇和八角等的果实。

取草莓花和草莓果，均做纵剖观察。可以看到一朵草莓花中有许多分离的雌蕊（心皮），每个雌蕊的子房长成一个小瘦果，这是真正的果实，我们食用的肉质部分则为花托膨大而成。从结构上看，草莓果为聚合瘦果，而芍药和八角等则可称为聚合蓇葖果。

③聚花果的结构：聚花果是由多数花朵形成的果实。可以取桑的雌花序和桑葚（果实）做纵剖观察，能看到桑的雌花序是由多朵雌花组成的，每朵小花只有花萼及雌蕊，而桑葚就是由整个雌花序发育成的，故称聚花果。桑葚主要食用部分是由许多雌花的肉质化的花萼组成。

凤梨（菠萝）、无花果等也属聚花果。所不同的是，凤梨的可食部分除肉质化的花被和子房外，还有花序轴；而无花果则主要以肉质化的凹陷的花序轴为可食部分。

（3）果实的类型。观察采集到的新鲜果实和实验室内贮备的各种风干和浸制的果实标本，并参考实验指导书和教科书所列的有关内容，分析它们的特征和结构类型，分别填入表 1-7-1 中。

表 1-7-1　不同植物果实的类型及其主要特征

果实类型			植物名称	主要特征
单果	肉果	浆果		
		瓠果		
		柑果		
		核果		
		梨果		
	干果	裂果	荚果	
			蓇葖果	
			蒴果	
			角果	
		闭果	瘦果	
			坚果	
			颖果	
			翅果	
			双悬果	
聚合果				
聚花果（复果）				

果实类型检索表

1. 果单生
　2. 果皮干燥
　　3. 果熟后果皮开裂
　　　4. 单心皮雌蕊形成
　　　　5. 一边开裂　···　蓇葖果
　　　　5. 两边开裂　···　荚果
　　　4. 两个以上心皮的复雌蕊形成
　　　　6. 二心皮一室具假隔膜
　　　　　7. 果较长　···　长角果
　　　　　7. 果较短　···　短角果
　　　　6. 二心皮以上，一至多室　·································　蒴果
　　3. 果熟后果皮不开裂
　　　8. 果实具翅　···　翅果
　　　8. 果实不具翅
　　　　9. 果皮与种皮愈合　···　颖果

　9. 果皮与种皮不愈合

　　10. 果实一室一种子 ·· 瘦果

　　10. 果实一室一种子，果皮坚硬 ······························ 坚果

2. 果皮肉质化

　11. 花托与子房壁愈合，子房下位

　　12. 花托膨大，肉质化 ·· 梨果

　　12. 花托不膨大，胎座肉质化 ·································· 瓠果

　11. 花托不与子房壁愈合，子房上位

　　13. 内果皮坚硬，中果皮肉质化 ······························ 核果

　　13. 内果皮不坚硬

　　　14. 中、内果皮肉质多汁 ···································· 浆果

　　　14. 内果皮内生肉质表皮毛 ·································· 柑果

1. 果非单生

　15. 果实由一花序发育形成 ·· 聚花果

　15. 果实由离心皮雌蕊子房发育形成 ···························· 聚合果

　16. 每一子房形成一蓇葖果 ···································· 聚合蓇葖果

　16. 每一子房形成一瘦果 ······································ 聚合瘦果

　16. 每一子房形成一核果 ······································ 聚合核果

6. 种子的结构和类型

（1）双子叶无胚乳种子。

①蚕豆种子观察：取已泡胀的蚕豆种子一粒，包在外面的革质部分是种皮。其上一侧有一条状的疤痕，为种脐。它是种子成熟时与果实脱离后遗留的痕迹。用手挤压种子两侧时，可见有水自种脐一端的小孔溢出，此孔为种孔，即胚珠时期的珠孔。种子萌发时，胚根先伸出种皮之外（图 1-7-2）。种脐另一端略为突起的部分是种脊，内含维管束。豆科种子的种脊最为明显。

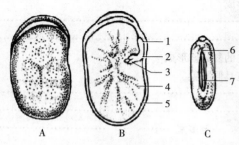

图 1-7-2　蚕豆种子的结构

A. 种子侧面观　B. 切去一半子叶显示内部结构　C. 种子的顶面观

1. 胚根　2. 胚轴　3. 胚芽　4. 子叶　5. 种皮　6. 种孔　7. 种脐

（引自华东师范大学，1982）

剥去种皮，里面的整个结构就是胚。首先看到的是两片肥厚的子叶，它有何功能？在两片子叶的一端向外突起一尾状物（其尖端正对种孔）为胚根。小心打开两片子叶，用放大镜观察，在胚根的另一端是胚芽，注意两片子叶着生在什么地方。

②花生种子观察：种子长卵圆形。种皮薄，呈粉红或紫红色。剥去种皮，其内为两片肥厚、乳白色、有光泽的子叶。打开两片子叶，观察其胚芽。在体视显微镜下，用镊子和解剖针协助可剥开胚芽，观察到其由一个主芽和两个侧芽组成。在成熟的花生种子里，可看到主芽已有两片幼小复叶。侧芽可见两片苞叶或幼小复叶。主芽将来发育成主茎，侧芽以后发育成植株的第一对侧枝。花生种子实际上已是分化相当完全的幼小植株。花生的胚轴位于胚芽下端，相当粗壮，子叶着生于此。胚轴下方是胚根。花生胚根突出于两片子叶之外，呈短喙状。

③棉花种子观察：从外形看，棉花种子一般被两种纤维覆盖。长纤维白色，称为绒毛；短纤维随品种不同各异，称为茸毛。用手除去绒毛就可见到不规则梨形或椭圆形种子。茸毛不用化学方法是很难去掉的。种子钝圆的一端，在形态学上称为合点端。相对的一端较狭尖，称为珠孔端，在种子萌发时胚根由此穿出。此端有棘状突起，这是珠柄的遗迹。

取一个去掉两种纤维并浸泡过的种子，可见种皮棕黑色，且光滑。剥去较坚硬的外种皮，则可看到一个乳白色"内种皮"包裹着胚，有的学者认为这层"内种皮"是胚乳遗迹。将此层乳白色的"内种皮"剥去后，就可显示出具有折叠子叶的胚。

用刀片将去掉种皮的种子纵剖，放在体视显微镜下观察，可看到种皮内重复折叠的大子叶，子叶上有油腺点。在较狭长的珠孔端，可看到胚轴和胚根，剥去两片大子叶才能看到胚轴之上的胚芽。

（2）双子叶有胚乳种子。取一新鲜即将成熟的蓖麻果实，此时果皮具有软刺。用解剖刀沿纵沟切开果皮，可观察到种皮与果皮的连接部分，此处为种脐。注意种脐在种子的腹面（近轴面），位于种阜之下，是一个小突起。

从果实内剥取一粒种子观察（图1-7-3）：其外面包着坚硬的种皮，种皮由3层结构组成。最外面一层具膜状花纹，幼嫩的种子可观察到粉红色的花青素花纹，种子成熟后为黑褐色花纹，整个种子有光泽；中层骨质具黑褐素；内层为白色膜质。在种皮上端有一浅色海绵状突起，称为种阜，能吸水，有利种子萌发。在种子腹面种阜内侧的小突起是种脐，此结构在体视显微镜下观察会更清楚。种脐向下有一条纵向的隆起为种脊。种孔被种阜遮盖。

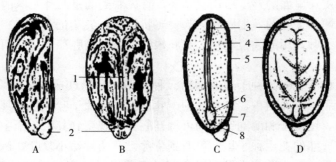

图 1-7-3　蓖麻种子的结构
A. 种子外形侧面观　B. 种子外形腹面观
C. 与子叶面垂直的正中纵切　D. 与子叶平行的正中纵切
1. 种脊　2. 种阜　3. 子叶　4. 胚乳　5. 种皮
6. 胚芽　7. 胚轴　8. 胚根
（引自华东师范大学，1982）

　　小心剥去种皮，其中肥厚的部分为胚乳，用刀片平行于宽面做纵切，可用放大镜观察到叶脉显著的薄片，即为平铺在胚乳上的子叶。同时可以观察到胚根和极小的胚芽。

　　再取一粒幼嫩的种子，用小镊子轻轻剥去胚乳，剥出一个完整的胚，使其两片子叶张开，放于体视显微镜下观察胚各部分。在两片薄薄的子叶之间，是很短的胚轴，胚轴连接着两片子叶和小小的胚芽、胚根。

　　（3）单子叶有胚乳种子。

　　①观察玉米籽粒：从玉米棒（穗轴）上取下一玉米籽粒观察。这一籽粒实为果实，它的果皮和种皮愈合在一起，称为颖果，人们习惯称为籽粒。注意观察籽粒从穗轴上取下时带有果柄。取浸泡过的玉米籽粒，用镊子将果柄和果皮从果柄处剥掉，可观察到在果柄下方有一块黑色组织，即种脐。在玉米籽粒的顶端可看到花柱的遗迹。从籽粒外面，可清楚地看到种子中的胚。

　　②观察玉米籽粒纵切：取一粒浸泡过的玉米籽粒用刀片从垂直玉米籽粒的宽面正中做纵切。用放大镜或体视显微镜观察玉米籽粒纵切面（图 1-7-4）。它的外面只有一层厚皮，这是果皮和种皮紧密结合形成的。种皮以内大部分是胚乳，与胚乳相对的一面是胚。加一滴稀释的 I_2-KI 溶液在玉米籽粒的纵切面上，胚乳马上变蓝，而胚芽、胚轴、胚根变成黄色，胚的各部分就格外清楚了，这是为什么？

　　③观察玉米胚：取玉米胚纵切片，观察胚的结构。它由胚根、胚轴、胚芽

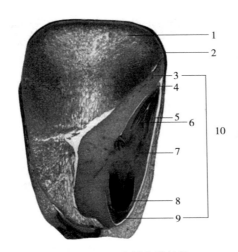

图 1-7-4　玉米果实的结构
1. 胚乳　2. 果皮与种皮愈合层　3. 盾片　4、5. 胚芽鞘
6. 胚芽　7. 胚轴　8. 胚根　9. 胚根鞘　10. 胚

和子叶 4 部分组成。子叶只有 1 枚，又称盾片，紧贴着胚乳。注意观察子叶最外一层细胞是整齐的上皮细胞，它有什么功能？在胚根和胚芽外面各包着一个套状组织，分别称胚根鞘和胚芽鞘，它们有什么作用？

　　④观察小麦颖果及胚：小麦颖果椭圆形，背面光圆，胚生于背面基部。颖果顶端有一丛较细的单细胞表皮毛，称为果毛。小麦胚的结构与玉米胚基本相同，但具有外胚叶。

　　⑤观察水稻稻粒和胚：水稻的稻粒外面有稃片包围，去掉内、外稃以后，露出的糙米就是颖果。胚位于颖果的下部外侧。取水稻胚切片观察，胚呈明显弯曲状态。

四、实验报告

将实验中所有植物果实进行归类，填入表 1-7-1 中。

五、思考题

1. 卵受精后，怎样发育成胚？与此同时，胚囊里还发生了什么变化？
2. 真果与假果各部分的来源如何？
3. 单果、聚合果和聚花果的来源和结构有何不同？
4. 种子的基本结构是什么？

实验八　植物检索表的使用与编制

一、实验目的

1. 熟悉植物检索表的类型和使用方法。
2. 学习并掌握植物检索表的编制方法。

二、实验材料与用具

放大镜、镊子、解剖针、体视显微镜、植物检索工具书、10～15 种校园及周边常见植物全株或植物体的一部分（采取的材料应带花和果实）。

三、实验内容与步骤

1. 植物检索表的编制原理及其类型　植物检索表是识别和鉴定植物必不可少的工具。其编制的基本方法是根据法国生物学家拉马克（Lamarck）的二歧分类原则设立的。通过对形态特征的比较，将一群植物的典型特征归纳分成相对应的两个分支，然后在每个分支中再根据其他相对应的特征进行同样的划分，如此下去，直至最后分出科、属、种。例如，可以首先把植物分成木本和草本两大分支，然后再根据叶的性状、花器官特征等，依次把植物分成若干互不相容的两个分支，如此不断编制下去，直到把所有植物都归入不同的分类等级中。

植物检索表有两种常见的形式，即定距式检索表和平行式检索表。在定距式检索表中，相对应的特征编为同样号码，并书写在距书页左边同样距离处，每项特征比上一项特征向右缩进一定距离，如此下去，直到出现相应的科、属或种。在平行式检索表中，每一对相对的特征紧紧相接，便于比较，每一行描述之后为一学名或数字，如是数字，则另起一行（参见理论教材有关内容）。

2. 植物检索表的使用　要想快速准确地通过使用植物检索表来达到识别、鉴定植物的目的，首先要熟悉科学规范的植物学形态术语；然后根据待鉴定植物的特点，对照检索表中所列的特征，逐次检索，先要鉴定出该种植物所属的科，再用该科的分属检索表查出其所属的属，最后利用该属的分种检索表检索确定其为哪一种植物。

先取 2 种学生十分熟悉的植物（已知其名称和科属），由指导教师带领进行检索，然后再由学生选 2～3 种不太熟悉的植物，让学生自己进行检索。

3. 植物检索表的编制　在学会使用检索表后，以 8～12 种植物材料为编制对象，编制一个用以区分这些植物的检索表。在编制检索表以前，可用列表的方式对这些植物的主要形态特征作一个比较，然后根据比较结果，确定各级检索性状，编制检索表。

在编制过程中，植物性状的选择应遵循稳定且间断明显的性状优先的原则。另外，对植物性状进行描述时，要把器官名称放在前面，而把表示性状的形容词或数字放在器官名称的后面。例如，描写油菜花的颜色要写成"花黄色"，而不是"黄色花"；描写花萼的数目要写成"花萼 4 枚"，而不是"4 枚花萼"。要尽可能正确使用专业术语。

四、实验报告

1. 使用检索表鉴定 2～3 种植物，并记录检索过程。
2. 编制实验中所用的 8～12 种植物的定距式检索表或平行式检索表。

实验九　植物类群特征识别

一、实验目的

1. 通过观察藻类植物、真菌类植物和地衣，掌握低等植物的共同特征。
2. 通过观察苔藓类植物、蕨类植物和种子植物，掌握高等植物的共同特征，正确理解各类群植物在植物界系统发育中的地位。
3. 了解植物系统学的部分基础知识。

二、实验材料与用具

实验材料	观察内容
地耳、发菜、海带、紫菜等	藻类植物主要特征
灵芝、银耳、金针菇、香菇等	真菌类植物主要特征
枝状、叶状和壳状地衣	地衣主要特征
葫芦藓、地钱等	苔藓类植物主要特征
各种蕨类植物腊叶标本	蕨类植物主要特征
马尾松、黑松、水杉等腊叶标本，新鲜的裸子植物枝条	裸子植物主要特征
被子植物腊叶和浸制标本、新鲜的被子植物枝条（10～15 科）	被子植物主要特征

显微镜、镊子、解剖针等。

三、实验内容与步骤

1. 藻类植物　观察地耳、发菜、海带、紫菜等实物材料，注意藻类植物的主要特征。

　　藻类为自养的原植体（也称为叶状体）植物，无真的根、茎、叶分化的植物体，含光合色素，能进行光合作用，除蓝细菌门为原核生物外，其他藻类均为真核生物。

　　植物体称为藻体，有单细胞、群体类型，也有多细胞藻体。多细胞的种类中，有丝状、片状和较复杂的构造等，但均无根、茎、叶的分化。

　　2. 真菌类植物　观察灵芝、银耳、金针菇、香菇等实物，注意真菌类植物的主要特征。

　　真菌类植物的细胞不含质体和叶绿素，是典型的异养生物。其外部形态各式各样，但基本结构均是由分枝或不分枝的无色菌丝（纤细的管状体）组成，所以它的营养体称为菌丝体。高等真菌的菌丝体，常形成子实体。

　　菌丝分无隔菌丝和有隔菌丝。无隔菌丝是一个长管形细胞，有分支或无分支，大多数是多核的。有隔菌丝是有横隔壁把菌丝隔成许多细胞，每个细胞内含有一个或两个核。

　　真菌类植物的异养方式有寄生和腐生。有的只能寄生，称为专性寄生；有些只能腐生，称为专性腐生；以寄生为主兼腐生的，称为兼性腐生；以腐生为主兼寄生的，称为兼性寄生。

　　3. 地衣　观察枝状、叶状和壳状地衣的实物标本，并注意地衣的主要特征。

　　地衣是一类由真菌和藻类共生在一起的很特殊的植物，真菌的菌丝缠绕藻细胞，从外面包围藻类，夺取藻类光合作用制造的有机物，使藻类与外界隔绝，只能靠菌类供给水分、CO_2 和无机盐。因此，它们是一种利益不均等的特殊共生关系，若将它们分离，藻类能生长、繁殖，而真菌只能"饿"死，它们是在弱寄生的基础上发展起来的共生关系。

　　根据地衣的形态可分为以下 3 种类型：

　　①壳状：地衣体以散生的菌丝牢固密贴在基物上，很难采下（占全部地衣的 80%）。

　　②叶状：地衣体扁平，有背腹性，以假根或脐固着在基物上，易采下。

　　③枝状：地衣体直立，呈枝状或柱状，多数具分枝，仅基部附着于基质上。

　　4. 苔藓类植物　观察葫芦藓、地钱等实物，注意该类植物与低等植物和维管植物的区别特征。

　　①植物体大多有类似茎、叶的分化，但并不是真正的茎和叶，具假根。

　　②生殖器官为多细胞结构，有多细胞的保护壁层。

　　③受精卵发育为胚。

④绝大多数生活在阴湿的陆地上。

⑤植物体内没有维管组织。

⑥配子体占优势，孢子体不能独立生活。

5. 蕨类植物 观察各种蕨类植物腊叶标本，注意其主要特征。

蕨类植物与苔藓植物一样，都有颈卵器结构，由孢子囊产生孢子，在生活周期中，也有明显的世代交替现象。

苔藓植物是有性世代的配子体占优势，孢子体寄生在配子体上；而蕨类植物是无性世代的孢子体占优势，孢子体远比配子体大且结构复杂，生活期长，仅在幼胚期寄生在配子体上。

蕨类植物和种子植物一样，也有根、茎、叶器官和输导系统的分化，具备了适应于陆地生活需要的吸收、运输和制造食物等器官，并能形成胚，但不发育成种子，而以孢子进行繁殖。

总之，蕨类植物在整个植物界中，是介于苔藓植物和种子植物之间的植物类群，它比苔藓植物较为进化，比种子植物较为原始。

6. 裸子植物 观察马尾松、黑松、水杉等裸子植物的腊叶标本以及部分裸子植物新鲜枝条，注意其主要特征。

裸子植物孢子体特别发达，为多年生的木本植物，大多数为单轴分枝的高大乔木，枝条有长枝和短枝之分；具有形成层和次生结构。除买麻藤纲外，其他裸子植物的木质部只有管胞而无导管和纤维，韧皮部有筛胞而无筛管和伴胞。

孢子叶大多数聚生成球果状，称孢子叶球。孢子叶球通常单性，同株或异株。小孢子叶聚生成小孢子叶球；每个小孢子叶的下面生有贮满小孢子的小孢子囊。大孢子叶丛生或聚生成大孢子叶球，胚珠裸露。大孢子叶常变态为珠鳞（松柏类）、珠领（银杏）、珠托（红豆杉）、套被（罗汉松）和羽状大孢子叶球（铁树）。

裸子植物的配子体退化，完全寄生在孢子体上。大多数种类雌配子体中尚有结构简化的颈卵器。雌配子体在近珠孔端产生颈卵器，其结构简单，埋藏在胚囊中。颈卵器内有一个卵细胞和一个腹沟细胞，无颈沟细胞。

7. 被子植物 观察被子植物的腊叶标本和浸制标本以及常见的 10～15 个科的被子植物新鲜枝条，注意其主要特征。

被子植物最显著的特征是具有真正的花，由花被（花萼、花冠）、雄蕊群和雌蕊群等部分组成。雄蕊是由小孢叶转化而来，分化为花丝和花药两部分。雌蕊是由大孢叶转化而来，特化为子房、花柱和柱头，是花中最重要的部分。

被子植物的胚珠包藏在心皮构成的子房内，经受精作用后，子房形成果实，种子又包被在果皮之内。果实的形成使种子不仅受到特殊保护，免遭外界不良环境的伤害，而且有利于种子的散布。

被子植物的孢子体（植物体）高度发达，在它们的生活史中占绝对优势，木质部由导管分子组成，并伴随有木纤维，使水分运输畅通无阻。

被子植物的配子体进一步简化。被子植物的配子体达到了最简单的程度。小孢子即单核花粉粒发育成的雄配子体，只有 2 个细胞或者 3 个细胞。大孢子发育为成熟的雌配子体，称为胚囊，胚囊通常只有 7 个细胞。被子植物的雌、雄配子体均无独立生活能力，终生寄生在孢子体上，结构上比裸子植物更加简化。

出现双受精现象和新型胚乳。被子植物生殖时，一个精子与卵结合发育成胚（$2n$），另一个精子与两个极核结合形成三倍体的胚乳（$3n$）。所以不仅胚融合了双亲的遗传物质，而且胚乳也具有双亲的特性，这与裸子植物的胚乳直接由雌配子体（n）发育而来不同。

被子植物的生长形式和营养方式具有明显的多样性。被子植物的生长形式有木本的乔木、灌木和藤本，它们又分为常绿植物和落叶植物；而占更多数的是草本植物，又分多年生、二年生及一年生植物，还有一些短命植物。被子植物大部分可行光合作用，是自养的，但也有寄生和半寄生、食虫等营养类型。

四、实验报告

将实验中所有植物种类按植物类群由低等到高等进行归类。

五、思考题

1. 在野外如何寻找和区分各种类群的植物？
2. 高等植物和低等植物有哪些区别？

Ⅱ. 综合性实验

实验十　种子萌发及幼苗形成过程的观察

一、实验原理

在适宜的条件下，种子萌发的过程包括物理吸胀、生理生化代谢和生长过程。种子萌发生长过程中，如果下胚轴的相对生长速度和生长量明显大于上胚轴的，则形成子叶出土型幼苗；如果上胚轴的相对生长速度和生长量大于下胚轴的，则形成子叶留土型幼苗。了解幼苗类型对把握播种深度和精耕细作有指导意义。

种子发芽率是指在发芽试验终期（规定日期内）全部发芽种子数占供试种子数的百分率。种子发芽率高，则表示有生活力的种子多，播种后出苗数多。种子发芽率是计算种子用价和实际播种量的重要指标。

二、实验目的

1. 理解种子萌发所需的条件，了解种子萌发形成幼苗的形态变化过程和幼苗类型。

2. 学会选种和测定种子发芽率的方法，了解它们在农业生产上的意义。

三、实验材料与用具

小麦、玉米、水稻、大豆、蚕豆等植物的种子，花盆，培养基质（蛭石、沙子、锯木屑等），培养皿，滤纸，纱布，恒温生长箱，数码相机等。

四、实验内容与步骤

1. 种子萌发和幼苗形成过程及幼苗的类型　种子萌发时，其中的胚从静止状态转入生理活跃状态，胚细胞进行旺盛的有丝分裂，不断产生新细胞。胚根突破种皮向下生长形成根系，胚芽向上生长形成茎叶。

（1）选种。选取结构完整、粒大饱满的种子，置于水中浸泡 2～3 d（浸泡时间视种皮的厚度和硬度而定），使种子充分吸水膨胀。

（2）播种。把吸水膨胀的种子播种于盛有疏松土壤的（或锯木屑、沙子、蛭石）的花盆中，每盆播种 50～100 粒（根据盆的大小），覆土深度 2～3 cm，并适当浇水。水稻播种后，要使土壤表面保持薄层水分或者保持土壤湿润。把另一些种子置于铺有吸水纸或纱布的培养皿中，种子上再覆盖纱布或吸水纸，并保持湿润。将上述花盆和培养皿放入 25 ℃恒温生长箱中。

（3）观察记录。播种后，定时观察（每天一次），记录种子萌发（培养皿中材料）和幼苗形成及形态变化的过程（花盆中材料）。注意种子萌发时胚的哪一部分先突破种皮而伸出种子，观察供试种子的子叶是钻出土面还是留在土壤中。

2. 种子发芽率的测定 将培养皿中的材料（每种植物 500 粒种子，每个培养皿中放 100 粒，重复 5 次）置于 25 ℃恒温生长箱中，进行种子发芽率的测定。种子萌发的标准是：玉米、大豆、蚕豆的幼根、幼芽长度与种子直径等长；小麦、水稻幼苗根长度与种子长度等长，幼芽长度为种子长度的一半。

种子发芽率的计算：

发芽率＝发芽种子的粒数/供试种子的粒数×100％

计算每种植物种子的平均发芽率，并将观察结果填入表 1-10-1 中。

表 1-10-1 不同种子的发芽率及幼苗形成情况（25 ℃恒温生长箱中培养）

种子名称	浸种时间	播种日期	根伸出日期	芽伸出日期	留土或出土萌发	发芽率
大豆						
蚕豆						
小麦						
玉米						
水稻						
自选种子						
自选种子						
自选种子						
自选种子						
自选种子						

注：表中幼根和幼芽伸出日期指最早的伸出日期。

五、实验报告

在种子萌发过程中，通过观察、测量，将结果记录到表 1-10-1 中，并用数码相机拍摄种子萌发过程，保存于计算机中。

六、思考题

1. 种子萌发需要哪些外界条件？各类种子对这些条件的要求是否相同？

2. 何为子叶出土型幼苗？何为子叶留土型幼苗？

实验十一　植物营养器官形态多样性观察 （营养器官的变态）

一、实验原理

在基础性实验部分，我们观察根、茎、叶的形态和结构，都是采用能代表一般情况下植物营养器官形态结构的材料。就多数情况而言，在不同植物中，同一器官在同一发育阶段的形态、结构是大同小异的，然而在自然界中，由于环境的变化，植物器官因适应某一特殊环境而改变其原有的功能，因而也改变其形态和结构，经过长期的自然选择，已成为该种植物的特征。这种由于适应性功能的改变所引起的植物器官的一般形态和结构上的变化称为变态。这种变态与病理的或偶然的变化不同，是健康的、正常的遗传。

二、实验目的

1. 观察根、茎、叶各种变态器官的形态和构造。
2. 掌握植物的同功器官和同源器官的概念。
3. 通过对各类植物变态器官的观察，进一步了解植物能够适应环境而改变其原有的性状，从而提高对植物定向培育的兴趣。

三、实验材料与用具

白萝卜，胡萝卜，木薯，甘薯，玉米、高粱或甘蔗植株，常春藤，络石，菟丝子浸制标本，菟丝子寄生根横切片，莲藕、芦苇根状茎，竹鞭，马铃薯，菊芋，洋葱，荸荠，慈姑，草莓、蛇莓茎，仙人掌，文竹，昙花，葡萄、南瓜或丝瓜茎，柑橘、山楂、皂角树枝条，水仙，大蒜，豌豆叶，猪笼草，水葫芦，显微镜，水果刀等。

四、实验内容与步骤

1. 根、茎、叶营养器官的形态特征

①根：无节和节间，无叶和腋芽。

②茎：有顶芽、腋芽，具节和节间，节上生叶，或有叶痕、叶迹。

③叶：着生在节上，叶柄或叶片（无柄叶）基部有腋芽。

2. 根的变态

（1）贮藏根。

①肉质直根：主要由主根膨大形成。

a. 白萝卜：白萝卜由两部分构成，上端是由下胚轴发育而成的，这部分没有侧根的形成；下端是由主根的基部发育而成，两侧有 2 纵行侧根。用水果刀从白萝卜的中部横切，可见横切面由以下几部分（由外至内）组成：周皮——→皮层（有 2 束初生韧皮部）——→次生韧皮部——→形成层——→次生木质部——→初生木质部（2 束）。

其中次生木质部特别发达，没有纤维，全由木薄壁细胞构成，是食用的主要部分。白萝卜之所以能进行增粗生长，主要是由于维管形成层和木栓形成层配合活动的结果。另外，次生木质部某些部位的木薄壁细胞可以恢复分裂能力，转变为副形成层，并由此产生三生木质部和三生韧皮部，构成三生结构，这也是白萝卜增粗生长的原因之一。

b. 胡萝卜：食用部分主要是次生韧皮部，增粗生长的主要原因是次生生长，不形成副形成层，因此也不形成三生结构。

②块根：由部分侧根膨大形成。

a. 木薯：食用部分主要是次生韧皮部和次生木质部。次生韧皮部中有乳汁管，其乳汁中的木薯糖水解后放出氰酸，对人体有毒，用净水浸泡之后才能食用。

b. 甘薯：甘薯的增粗生长主要是次生结构和三生结构活动的结果。在次生木质部的一些导管周围的木薄壁细胞恢复分裂，形成副形成层，产生三生结构。

（2）气生根：其特点是部分或完全裸露在空气之中。

①支持根：玉米、甘蔗、高粱等植物接近土壤的几个节上，易产生不定根，最先是裸露在空气中，有助于呼吸作用，后扎入土中，具有支持茎的作用。

②攀援根：常春藤、络石等植物，能在茎节处生出不定根，其顶端呈扁平状，易附着在他物的表面而生长。

（3）寄生根：实为不定根的变态，借助其顶端的穿刺结构——吸器，穿过寄主植物的表皮、皮层，直达维管束。如菟丝子、列当、无根藤等。取菟丝子寄生根横切片，置于显微镜下观察。

3. 茎的变态

（1）地下茎的变态。其生长的形状似根，而实际上是茎，起着贮藏营养物质和繁殖的作用。

①根状茎：如芦苇、莲藕和竹的根状茎，蔓生于土壤之中，但它具有茎的形态特征，即有顶芽、腋芽，具节和节间，节上生叶，或有叶痕、叶迹。

②块茎：如马铃薯、菊芋为短而粗的块茎，它具有茎的形态特征。

③鳞茎：如洋葱，为一个节间短而密集的茎的变态，其上有肉质化的鳞片叶（可食部分）和最外方呈膜质的鳞叶。

④球茎：如荸荠、慈姑，为肥而短的地下茎，是匍匐枝顶端膨大形成的。

（2）地上茎的变态。其虽然生长在地上，但形态和功能与普遍的茎不同。

①匍匐茎：如草莓、蛇莓的茎细而长，匍匐于地面蔓延生长，并在节处生长不定根。

②肉质茎：如仙人掌科的植物茎变得肥厚而多汁液，但它有顶芽、节和节间，节上有叶（刺状），生长到了若干年后就能开出美丽的花。

③叶状茎：如文竹、昙花的茎变成叶状，行使光合作用，而叶退化或早落。

④ 茎卷须：如葡萄、南瓜、丝瓜等植物的茎细长，依靠茎上的枝条变成卷须，缠绕他物，以攀援生长。

⑤ 茎刺：如柑橘、山楂、皂角等植物茎上的枝条变态成刺状，具有保护作用。

4. 叶的变态　其改变了叶的形态，适应贮藏、攀援、保护等功能。

①鳞叶：如洋葱、水仙等鳞茎上的肉质而肥厚的叶片，谓之鳞叶。有的鳞叶干燥、膜质，如大蒜的鳞叶、洋葱鳞茎的最外层鳞叶。

②叶卷须：如豌豆复叶顶端 2～3 对小叶变成卷须，借以攀托他物向上生长。

③叶刺：如仙人掌科植物茎上的叶变成刺状，以减少水分的散失，适应干旱的生长环境。

④叶捕虫器：如猪笼草的叶柄上部变成瓶状的捕虫器，叶片生于瓶口，成一小盖覆于瓶口之上。

⑤变态叶柄：取新鲜水葫芦（又称凤眼莲），观察囊状贮气叶柄。它的作用是什么？

五、实验报告

将观察的各种植物营养器官鉴别后，填入表 1-11-1。

表 1-11-1　不同植物的变态器官及其鉴别依据

植物名称	变态器官	变态后功能	鉴别依据及特征

六、思考题

1. 营养器官变态有何意义？
2. 举例说明什么是同源器官，什么是同功器官。

实验十二　植物营养器官形态结构与生境的关系

一、实验原理

植物对不同的生境，在形态、结构和生理上表现出一定的适应性。在生态学中，根据植物和水的关系，植物分为陆生植物和水生植物。前者又可分为旱生植物、中生植物和湿生植物。这些植物在营养器官的形态结构上各有特点，特别表现在叶的形态和结构上。

根据植物和光照度的关系，植物又可分为阳地（阳生）植物、阴地（阴生）植物和耐阴植物。这些植物叶片的形态和结构也有许多适应环境的特点。在同一生境条件下，同一植株其顶部的叶和下部的叶，在结构上也存在着一些差异。越近顶部的叶或向阳一侧的叶，越倾向于旱生植物叶的结构，而下部的叶或生于阴面的叶则倾向于阴地植物叶的结构。

二、实验目的

1. 通过对不同生境下植物根、茎、叶等器官形态和结构的观察及比较，了解植物对不同生活环境在形态和结构上的适应特征。
2. 掌握在自然条件下识别和采集旱生、湿生和水生植物，阳生、阴生和耐阴植物的方法。

三、实验材料与用具

夹竹桃叶及其横切片，眼子菜叶横切片，菹草、水花生、狗牙根、双穗雀稗、繁缕、卷耳等草本植物全株，樟树、海桐、女贞、大叶黄杨等植物不同部位叶片，显微镜，镊子，刀片，载玻片，盖玻片，培养皿，番红染液等。

四、实验内容与步骤

1. 不同生境植物叶片的结构特点

（1）旱生植物夹竹桃叶的形态及其横切片观察。夹竹桃叶窄长而厚实，表皮高度角质化，以利于减少蒸腾。叶脉稠密，便于得到水分。取夹竹桃叶横切面永久制片观察（图 1-12-1），其叶片适应干旱环境的结构特点如下。

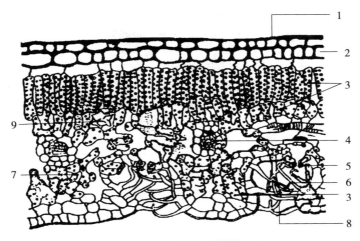

图 1-12-1　夹竹桃叶的横切面
1. 角质层　2. 表皮　3. 栅栏组织　4. 叶脉
5. 气孔　6. 表皮毛　7. 海绵组织　8. 气孔窝　9. 晶体
（引自张乃群等，2006）

①表皮：上表皮由 2～3 层厚壁细胞组成复表皮，角质层极发达。气孔分布于下表皮凹陷的气孔窝内，窝内还有表皮毛。这些特殊结构有效地防止了水分过度蒸腾。

②叶肉：栅栏组织极发达，近上、下表皮均有，多层。细胞间隙小，含叶绿体较多。

③叶脉：与棉叶相似，但主脉为双韧维管束。

（2）水生植物眼子菜叶横切片观察。

①表皮：细胞壁薄，外壁没有角质化，表皮细胞含有叶绿体，没有气孔和表皮毛。

②叶肉：表皮细胞以内的叶肉细胞不发达，没有栅栏组织和海绵组织的分化。叶肉细胞都是薄壁组织细胞，细胞间隙很大，特别是主脉，附近形成很大的气腔通道。眼子菜是根生浮叶植物，有沉水叶和浮水叶之分。沉水叶片很薄，只有几层细胞（图 1-12-2）。浮水叶片两面性强（异面叶），取浮水叶片做徒手切片，观察其解剖结构，比较其与沉水叶片的差异。

③叶脉：很不发达。主脉的木质部比较退化，韧皮部细胞外有一层细胞壁较厚的细胞。其他小叶脉更为退化。

2. 水生生境和陆生生境下植物结构比较　在教师的指导下，学生分组

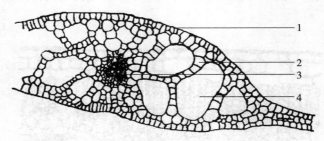

图 1-12-2　眼子菜沉水叶叶的横切面
1. 表皮　2. 叶肉细胞　3. 主脉维管束　4. 气腔
（引自张乃群等，2006）

（每组 5～6 人）到野外调查水生生境和陆生生境下分布的植物种类，初步识别、区分植物的形态特征。然后，分别选择 1～2 种生长在水生生境（如菹草、水花生等）和陆生生境（如夹竹桃、繁缕、卷耳等）中的不同植物种类，或同一植物种类（如狗牙根、双穗雀稗等）在水生生境和陆生生境中的个体。在仔细辨别供试植物根、根状茎、匍匐茎、直立茎的基础上，选取植物的根、茎、叶等营养器官，用徒手切片法制作临时装片。在显微镜下观察供试植物不同器官的内部结构，比较分析两种生境下植物体内的组织类型、分布和特征的差异，并填写在表 1-12-1、表 1-12-2 和表 1-12-3 中。

表 1-12-1　水陆生境下植物根的内部结构比较

| 植物名称 | 表皮 | | 机械组织 | | 通气组织 | | 输导组织 | | 其他 |
	细胞层数	细胞特征	类型	特征	类型	特征	类型	特征	
植物 1（水生）									
植物 2（陆生）									

表 1-12-2　水陆生境下植物茎的内部结构比较

| 植物名称 | 表皮 | | 机械组织 | | 通气组织 | | 输导组织 | | 其他 |
	细胞层数	细胞特征	类型	特征	类型	特征	类型	特征	
植物 1（水生）									
植物 2（陆生）									

表 1-12-3　水陆生境下植物叶的内部结构比较

植物名称	表皮		机械组织		通气组织		输导组织		其他
	细胞层数	细胞特征	类型	特征	类型	特征	类型	特征	
植物1（水生）									
植物2（陆生）									

3. 阳生叶和阴生叶结构比较　在教师指导下，学生在校园内选取常见乔木和灌木树种（如樟树、女贞、海桐、大叶黄杨等），采摘位于树冠外面（阳生环境）和树冠内方（阴生环境）的叶片。首先观察并比较阳生叶和阴生叶外部形态特征，然后用徒手切片法制作阳生叶和阴生叶横切面的临时装片。另外撕取阳生叶和阴生叶的上、下表皮，并制成临时装片。在显微镜下观察叶片上、下表皮的结构及叶片内部结构，统计单位面积气孔数目，比较分析两种生境下叶片形态与结构的差异，并填写于表 1-12-4 中。

表 1-12-4　不同植物阴生叶和阳生叶的形态结构比较

叶的形态与结构	樟树		女贞		海桐	
	阴生叶	阳生叶	阴生叶	阳生叶	阴生叶	阳生叶
厚度、质地						
气孔密度						
表皮附属物						
栅栏组织厚度						
海绵组织厚度						
其他						

五、实验报告

1. 列表比较水生和陆生生境下植物根、茎和叶内部结构的异同。
2. 列表比较不同植物阴生叶和阳生叶的形态结构。

六、思考题

1. 根据本实验的结果，论述植物的形态结构与环境的统一性关系。
2. 为什么有些植物在水陆两种生境下都能生长良好？

实验十三　花的形态结构与传粉的关系

一、实验原理

植物进行异花传粉，必须依靠各种外力的帮助，才能把花粉传布到其他花的柱头上去。传送花粉的媒介有风、昆虫、鸟、哺乳动物和水等，其中最为普遍的是风和昆虫。各种借不同外力传粉的花，往往会产生一些特殊的适应性结构，使传粉得到保证。

二、实验目的

1. 通过对风媒、虫媒和水媒等不同传粉媒介花的形态和结构的观察与比较，了解植物花在形态结构上的对不同传粉方式的适应特征。
2. 掌握在野外识别不同传粉媒介植物的方法。

三、实验材料与用具

植物材料在唇形科、玄参科、马鞭草科、蔷薇科、忍冬科、蝶形花科、杨柳科、菊科、禾本科、天南星科、水鳖科、眼子菜科、泽泻科等科中由学生自选，用具有体视显微镜、镊子、刀片、解剖针等。

四、实验内容与步骤

取上述植物材料的花，完成以下实验内容：

用体视显微镜观察不同类型花的各部分形态和结构及其区别，用花程式或花图式表示花的构成。

按花的性别、颜色、形态、大小、蜜腺、气味、花粉粒表面形态、花粉量和柱头形状等特征对物种归类。

按风媒、虫媒、水媒等不同传粉方式对物种进行归类。

对传粉方式不明的物种，根据形态结构特征推测其传粉方式，并在室外进行实地观察加以验证。

为研究某种植物是否为风媒传粉，可采用套网方法，阻止昆虫访问花。套网时采用尼龙网纱。如果是乔木或灌木，对花或花序要单独套网；如果是小型草本植物则可将整株植物，甚至一个群体全部罩住。如果能正常结实，则表明风媒传粉有效。

昆虫访花观察中，注意访花者并不等同于传粉者。在野外观察时，连续3 d从早到晚每小时观察一次，每次观察 15 min。按蜂类、蝇类、蝶类、甲虫类等类型分别记录每小时访问每朵花的次数。

五、实验报告

分析、整理各种植物适应特定传粉方式的形态结构特征，将观察结果填入表 1-13-1 中。

表 1-13-1　花的各种形态结构及传粉方式

观察项目	植物名称		
花的形态、大小			
花的对称性			
花的颜色			
花的气味			
花托形状			
蜜腺有无			
雄蕊数目及类型			
雌蕊数目			
柱头形状			
子房位置			
传粉方式			

六、思考题

1. 各种不同传粉方式花的形态结构特征如何？
2. 举例说明昆虫传粉中花与传粉者之间的协同进化现象。

Ⅲ. 设 计 性 实 验

实验十四　植物器官颜色变化的细胞学机制探讨

一、实验背景知识介绍

许多植物体器官在不同时期或不同状态下会表现出不同的颜色，如叶片颜色的变化、果实颜色的变化、马铃薯块茎在光照下变绿等。这些颜色的变化各有其生理生化机制和细胞学机制。从细胞学角度来讲，植物器官的显色主要是因为植物细胞的液泡中含有花青素或者细胞质中含有质体，还有的是因为其他色素在细胞中的积累所致。本实验主要是针对前面两种原因进行设计的，因此这里仅介绍花青素和质体的有关背景知识。

花青素是植物细胞中常见代谢产物之一，作为一种色素，通常溶解在液泡的细胞液中。它在酸、碱、中性条件下分别呈现红、蓝、紫色，而使花、茎、叶呈现不同颜色。

植物细胞中的 3 种质体——叶绿体、有色体和白色体，在一定的情况下它们可以发生相互转换。如因成熟度不同，红辣椒果实由绿变红的颜色变化就是叶绿体向有色体的转化，又如光照导致马铃薯块茎颜色的变化就是叶绿体与白色体之间的转化。

区分这两种原因只需要明确两点：一是花青素是色素，是化学物质，没有固定的形态；而质体是细胞器，有固定的形态。二是花青素和质体在植物细胞中分布的状态不同，花青素在细胞液中呈片状分布，质体在细胞质中呈颗粒状分布。

二、实验设计方案提示

选取新鲜材料制作临时装片，清水制片，勿染色。

植物器官颜色变化现象实例：香椿嫩叶颜色变化、细叶鸡爪槭叶颜色变化、棉花瓣颜色变化、韭菜黄化苗颜色变化、满江红颜色变化、茄科植物果实颜色变化、芸香科植物果实颜色变化，等等。

三、实验要求

（1）明确实验的具体题目和实验目的。

（2）撰写研究计划或者开题报告。研究计划的基本格式为：题目、文献综述和实验目的、主要研究内容、实验方案、进度安排。

（3）根据实验方案，学生自己做好实验的前期各项准备工作，实验指导教师予以配合。

（4）认真开展实验。

（5）对实验结果进行分析、归纳总结和讨论，撰写实验报告。

（6）实验指导教师应在三个阶段做好指导工作，即研究计划制订阶段、实验过程阶段和实验报告阶段。

（7）实验的成绩评定主要根据研究计划和实验报告两个方面来评定。

实验十五　花粉贮藏条件及其生活力测定

一、实验背景知识介绍

植物杂交工作中，往往会遇到父母本花期不遇，必须采集花粉短暂贮藏，经贮藏的花粉及其生活力如何，必须经过测定，以保证杂交效果。此外，花粉的生物学研究、植物雄性不育和远缘杂交都要鉴定花粉育性和生活力。

花粉的生活力与贮藏条件及自身的生物学特性有关。花粉生活力测定的方法较多，常用的有形态鉴定、染色鉴定和花粉发芽鉴定。

①形态鉴定：花粉有无生活力在形态上有明显差异，即形态是否发育正常，其内部淀粉等内含物是否充实。发育不正常的花粉，内含物不充实而空秕，形状也不规则，大小参差不齐。而正常花粉内含物充实饱满，形状规则，大小整齐。因内部含有较多淀粉粒而遇 1% I_2-KI 溶液呈深蓝色反应，遇水易吸胀而破裂。该法一般适用于不育系及远缘杂交后代花粉形态和育性的鉴定。

②染色鉴定：用不同的化学试剂如 2，3，5-氯化三苯基四氮唑（2，3，5-triphenyl tetrazolium chloride，TTC）、联苯胺茶酚等快速鉴定花粉生活力。

③花粉萌发鉴定：配制一定浓度的蔗糖溶液等作培养基，在人工控制条件下进行花粉萌发实验，根据花粉萌发率的高低衡量花粉生活力。也可以在授粉数小时后直接观察柱头花粉萌发伸长情况。

二、实验设计方案提示

在查阅文献的基础上，每组学生可选择 2～3 种认为有研究价值的植物种类（如经济植物、观赏植物等），将其花粉贮藏条件及花粉生活力作为研究内容，通过设置不同处理开展实验，最终获得某种植物花粉贮藏的最佳条件，并能快速、准确测定贮藏后的花粉生活力。

三、实验要求

（1）明确实验的具体题目和实验目的。

（2）撰写研究计划或者开题报告。研究计划的基本格式为：题目、文献综述和实验目的、主要研究内容、实验方案、进度安排。

（3）根据实验方案，学生自己做好实验的前期各项准备工作，实验指导教师予以配合。

（4）认真开展实验。

（5）对实验结果进行分析、归纳总结和讨论，撰写实验报告。

（6）实验指导教师应在三个阶段做好指导工作，即研究计划制订阶段、实验过程阶段和实验报告阶段。

（7）实验的成绩评定主要根据研究计划和实验报告两个方面来评定。

实验十六　入侵植物的生物生态学特性与其入侵性的关系

一、实验背景知识介绍

生物入侵是当今全球变化的重要组成部分。当外来种进入一个新的地区，并能存活和繁殖，形成野化种群，其种群的进一步扩散已经或即将造成明显的生态和经济后果，这一事件称为生物入侵（biological invasion）。造成生物入侵的外来种称为外来入侵种（alien invasive species，IAS）。对生物入侵的研究可以归纳为 5 个方面，即研究外来种的入侵性（invasiveness，成为入侵种的能力）、生境的可入侵性（invasibility，生境对于入侵的敏感性）、入侵的影响（impact，入侵所造成的生态和经济等后果）、入侵的预测（prediction）和入侵的控制（control）。研究外来种的入侵性是探索外来种成功入侵机制以及对入侵进行预测的基础。

我国外来入侵植物种类众多，主要入侵植物种类见附录二。入侵植物的生物生态学特性，如形态结构、繁殖能力、扩散能力、生态适应性等常与其入侵性密切相关。

二、实验设计方案提示

可选择一种当地的外来入侵植物，在文献调研的基础上，选择该外来入侵植物某一个方面的生物生态学特性作为研究内容，通过调查或实验研究，来揭示选定的该特性与入侵植物入侵性的关系。

三、实验要求

（1）明确实验的具体题目和实验目的。

（2）撰写研究计划或者开题报告。研究计划的基本格式为：题目、文献综述和实验目的、主要研究内容、实验方案、进度安排。

（3）根据实验方案，学生自己做好实验的前期各项准备工作，实验指导教师予以配合。

（4）认真开展实验或调查。

（5）对实验结果进行分析、归纳总结和讨论，撰写实验报告。

（6）实验指导教师应在三个阶段做好指导工作，即研究计划制订阶段、实验过程阶段和实验报告阶段。

（7）实验的成绩评定主要根据研究计划和实验报告两个方面来评定。

实验十七　城市市区鲜切花种类或果蔬种类调查

一、实验背景知识介绍

随着人民生活水平的日益提高以及物流的畅通，城市市区鲜切花、水果、蔬菜等与人们生活密切相关的植物材料不断丰富，这些植物材料有的是植物全株，有的是植物的某一个器官。通过市场调查，可以认识这些来自五湖四海的植物材料，明确其应用价值，进一步把植物学理论知识和实际应用结合起来。

二、实验设计方案提示

选定鲜切花、水果、蔬菜当中的某一类植物材料作为调查对象，确定当地城市市区的调查范围，在该调查范围内，对大型批发市场、鲜花市场、水果市场、蔬菜市场、超市等进行选点调查，获得植物种类、产地和价格等信息。

三、实验要求

（1）明确实验的具体题目和实验目的。

（2）撰写研究计划或者开题报告。研究计划的基本格式为：题目、文献综述和实验目的、主要研究内容、实验方案（含调查记录表）、进度安排。

（3）根据实验方案，学生自己做好实验的前期各项准备工作，实验指导教师予以配合。

（4）认真开展调查。

（5）对调查结果进行分析、归纳总结和讨论，撰写调查报告。

（6）实验指导教师应在三个阶段做好指导工作，即研究计划制订阶段、调查过程阶段和调查报告阶段。

（7）实验的成绩评定主要根据研究计划和调查报告两个方面来评定。

实验十八　校园或居民小区植物种类调查及优化对策

一、实验背景知识介绍

校园或者居民小区的植物，通常是人工栽种的园林绿化树种。树种的选择和配置，不仅能美化校园或居民区的环境，营造园林景观，而且还能发挥植物的生态效益。结合所学的植物分类学知识对校园或居民小区的植物进行调查，不仅能增强学生识别植物的能力，而且还能让学生探索调查地点的植物选择和配置方面存在的不足，从而提出改进的建议。

二、实验设计方案提示

可选择当地某一个校园或居民小区作为调查地点，在初步了解校园或居民小区历史和现实情况的基础上，按一定线路对校园或居民小区的植物进行全面调查，获得植物种类和数量等数据，遵照园林植物选择和配置的一些基本原则，提出初步优化对策。

三、实验要求

（1）明确实验的具体题目和实验目的。

（2）撰写研究计划或者开题报告。研究计划的基本格式为：题目、文献综述和实验目的、主要研究内容、实验方案（含调查记录表）、进度安排。

（3）根据实验方案，学生自己做好实验的前期各项准备工作，实验指导教师予以配合。

（4）认真开展调查。

（5）对调查结果进行分析、归纳总结和讨论，撰写调查报告。

（6）实验指导教师应在三个阶段做好指导工作，即研究计划制订阶段、调查过程阶段和调查报告阶段。

（7）实验的成绩评定主要根据研究计划和调查报告两个方面来评定。

实验十九　城市近郊资源植物调查

一、实验背景知识介绍

资源植物学是植物学的一个分支学科，它是在人类对植物资源不断需求的历史进程中形成的。近年来随着社会的发展，对植物资源的需求更为扩大，促使此门学科得以迅速发展。资源植物学研究的资源植物包括食用植物、药用植物、观赏植物、材用植物、纤维植物、淀粉植物、油脂植物、芳香油植物、工业原料植物和有毒植物等。城市近郊，特别是在有山的近郊，往往蕴含着丰富的资源植物，可应用于观赏园艺植物新品种培育、名特野生蔬菜开发、园林绿化植物育种、果树品质改良、农业害虫的生物防治、退化生态系统植被修复等诸多方面。

二、实验设计方案提示

选定药用植物、观赏植物、杀虫植物、野生蔬菜或果树中某一类资源植物作为调查对象，确定当地城市近郊的调查范围，在该调查范围内，对资源植物丰富地区选点调查，获得资源植物种类、生境和利用情况等信息。

三、实验要求

（1）明确实验的具体题目和实验目的。

（2）撰写研究计划或者开题报告。研究计划的基本格式为：题目、文献综述和实验目的、主要研究内容、实验方案（含调查记录表）、进度安排。

（3）根据实验方案，学生自己做好实验的前期各项准备工作，实验指导教师予以配合。

（4）认真开展调查。

（5）对调查结果进行分析、归纳总结和讨论，撰写调查报告。

（6）实验指导教师应在三个阶段做好指导工作，即研究计划制订阶段、调查过程阶段和调查报告阶段。

（7）实验的成绩评定主要根据研究计划和调查报告两个方面来评定。

第 二 篇
植物学实验技术

第一章　植物临时装片的制作

用显微镜观察生物体的时候，将从生物体上取下来的薄片或直接将个体微小的生物如衣藻、青霉等放在载玻片上，盖上盖玻片就称为装片。按照贮存时间，可以分为临时装片和永久装片。临时装片是在做实验的时候当场制作，或近期制作，为了目前或最近要做的实验准备的。永久装片一般是在工厂制作的，装片上会有一些密封物质把载玻片和盖玻片封起来，一般可供长期反复使用。

一、植物叶片表皮的临时装片

叶表皮细胞形状及其气孔复合体类型在植物分类中具有重要的参考价值，其差异性主要体现在表皮细胞和保卫细胞（有的植物气孔复合体还有副卫细胞）的形状、气孔大小和密度、气孔长短轴之比以及垂周壁式样等方面。

1. 直接撕取法　该法适用于观察表皮与叶肉细胞间组织疏松的植物。以洋葱鳞片叶或大白菜叶制作叶表皮临时装片为例，具体操作步骤如下：

在载玻片中央滴 1～2 滴清水，放在一旁。取植物材料叶片，分别从背面向里折叠，然后从折叠处轻轻撕拉，折断处有白色薄膜（即下表皮），用镊子夹取一小片白色薄膜，放在载玻片的水滴中，展平。如果表皮面积较大，可用锋利刀片切取适宜面积，然后盖上盖玻片（先把盖玻片擦拭干净，用小镊子夹住盖玻片一端，另一端抵在载玻片上，成 30°夹角缓慢放下。注意盖玻片不能快速放下，否则会有很多气泡，影响观察效果），制成临时装片，在光学显微镜下进行观察。为增强染色效果，可以使用 I_2-KI 溶液染色 90 s 后，再置于显微镜下进行观察。

2. 透明胶带粘取法 该法适用于观察不易撕取叶片表皮气孔的植物，对组织幼嫩、气孔开张度大、叶片容易失水萎蔫的植物种类比较合适。粘取不同材料下表皮的效果主要取决于叶片的幼嫩程度和表皮表面的洁净程度，植物种类之间差异较小。具体操作步骤如下：

首先，清洗叶片，用吸水纸把叶片吸干。其次，将透明胶带胶面向上，进行固定。再次，将叶片的正面平整铺在胶面上，再将胶带对折使胶带与叶片的背面相贴，剪下胶带；然后用手指轻轻按压，使叶片两面与胶面充分接触。最后，将粘在叶片上的胶带撕下来（表皮便会黏在胶带上），用剪刀把胶带剪成大约 1 cm×1 cm 大小，放在载玻片中央，染色，然后盖上盖玻片，并在显微镜下进行观察。

3. 煮沸法 该法适用于叶片保护组织发达、表皮较厚、海绵组织疏松的材料。具体操作步骤如下：

用烧杯将蒸馏水加热至沸腾，把叶片放入沸水中，当叶片由浅绿色变成深绿色时取出叶片，然后用镊子迅速撕取表皮，用 1‰ I_2-KI 溶液染色，制成临时装片，在光学显微镜下观察。

4. 指甲油法 该方法观察到的是表皮气孔的印记而非真正表皮，不受叶肉细胞中叶绿体的干扰，图像清晰透亮。缺点是指甲油厚度不易掌控。在压片的时候，容易出现油膜偏厚、压片不平整、对比度低、清晰程度较差等问题。具体操作步骤如下：

将叶片清理干净，用吸水纸吸干叶片后，涂抹无色指甲油。待无色指甲油风干后，在叶片表面会形成一层薄膜，用镊子轻轻将薄膜撕取下来，用剪刀剪成大约 1 cm×1 cm 大小（薄膜上印有表皮气孔的结构），染色，制片，镜检并观察。

对于指甲油厚度问题，可以用夹持物夹住叶柄，然后把叶片垂直放置风干，这样叶片上多余的指甲油会滴落下来，从而解决这一问题。

二、根、茎、叶的徒手切片

1. 徒手切片法 徒手切片法是指手持刀片将新鲜的或固定的实验材料切成薄片的制作方法。具体操作步骤如下：

选取待观察的植物材料（根、茎），初步切取大约 3 cm 长的小段，再依切片的具体要求，将组织修整为 0.5 cm 长的材料块。徒手切片前，应先准备好一个盛有清水的培养皿。在切片时，用左手的拇指与食指夹住实验材料，大拇指应低于食指 2～3 mm，以免被刀片划破。材料要伸出食指外 2～3 mm，左手拿材料要松紧适度，右手平稳地拿住刀片并与材料垂直。然后，在材料的切面上均匀地滴上清水，以保持材料湿润。将刀口向内对着材料，并使刀片与材料切口基本上保持平行，再用右手的臂力（不要用手的腕力）自左前方向右后方均匀地拉切。切下的薄片立即用毛笔蘸水后蘸取，移入盛有清水的培养皿内。在培养皿中选择薄而均匀且切面完整的组织切片，置于载玻片上做成临时装片，然后置于显微镜下观察。

优点：不需用切片机等贵重仪器，有刀片即可。制片简单、迅速，能及时观察植物生活组织结构和颜色。

缺点：微小、柔嫩、含水过多以及坚硬的材料，很难用此法切成薄片。不经严格的操作训练，易切成薄厚不均或不完整的切片。切出的片子厚于切片机切片，也不适合对植物子房及胚胎等材料做连续切片。

2. 双面刀片压切法　采用两个双面刀片和一张厚薄适度的长方形纸条，在两刀片未合并之前，先剪出略窄而稍长于刀片的长纸条，夹在两个双面刀片之间，再把长出刀片两头多余的纸条部分折弯包住任意一个刀片。然后把准备切割的材料平放在载玻片上，用食指和拇指紧紧捏住两个对齐合并的刀片，对准所要切割的材料轻轻地压切，材料薄片就夹在两刀片之间。分开两刀片，用解剖针小心地把薄片剔进带有一滴水的载玻片中央，再盖上盖玻片，就可以放在显微镜下观察。这种方法比徒手切片法制作临时装片简便迅速，切下的切片厚薄一致，且节省时间，成功率也高。

3. 利用夹持物进行徒手切片制作　很多细薄、柔嫩、幼小的材料，如叶片、花瓣、各种组织等要用夹持物进行徒手切片。可用作夹持物的材料有以下几类：

①植物茎的髓心，如接骨木、向日葵等。

②地下茎，如马铃薯、菊芋的块茎，荸荠的球茎等。有刺激性的材料，如生姜、山药、大蒜等不宜使用。

③贮藏根，如胡萝卜、萝卜、甜菜、甘薯、大丽花等的根。

④草本植物的嫩茎，如凤仙花，十字花科的油菜、白菜等的嫩茎。

⑤硬厚的叶片，用两片叶将材料夹住切或将叶片卷起切，如大叶黄杨、黄杨、珊瑚树等的叶。

该方法具体操作步骤如下：

首先，对夹持物进行修整，长度以 2～3 cm 为宜，厚度以 0.5 cm 为宜。其次，对实验材料进行修整（把叶沿主脉两侧切成长约 0.5 cm 的长条），然后把材料置于两个夹持物之间，按照徒手切片的方法进行操作，把切下的材料置于带水的培养皿中。最后，选择完整的薄切片置于载玻片上，染色，制片观察。

三、根和茎中纤维的离析

为了研究植物中纤维细胞立体形态结构，可用一些化学药品把细胞与细胞之间的中胶层溶解，使细胞分离，这种方法称离析。

1. 硝酸-酒精法　在加热的条件下，试样经硝酸-酒精处理，果胶、半纤维素被水解，木质素被硝化，生成的硝化木质素被溶解。再辅之以氢氧化钠（或氢氧化钾）作用，除去果胶、木质素、半纤维素，使单个纤维细胞离析出来，供镜检观察。具体操作步骤如下：

首先，取新鲜红麻茎秆材料（或干制材料），剥离皮（周皮和韧皮部）和木材，各称取 1～5 g，切成长约 2 cm 的样段，装入 250 mL 三角瓶中。其次，加入硝酸-酒精混合液（按 1∶4 比例，最好现配现用）约 80 mL（以淹没材料稍过量为宜）。将三角瓶置于 80 ℃水浴上加热沸腾 30 min（三角瓶口加冷凝管），然后取下弃去瓶内溶液。再次，加入 2%～3%氢氧化钠（或氢氧化钾）溶液约 80 mL，再置于 100 ℃水浴上加热煮沸 30 min（同样加冷凝管），然后取下，弃去瓶内碱液。最后，用自来水洗涤（冲洗）2～3 次。于瓶内装上约 150 mL 清水，用力振摇数次，使纤维受力均匀分散。至此，可用滴管吸取已分离的纤维细胞于载玻片上，进行显微观察。

2. 铬酸-硝酸离析法　该方法适用于木质化组织，如木材、纤维等。具体操作步骤如下：

首先，将材料切成直径为 0.2～0.5 mm，长约 0.5 cm 的小段。然后，将切好的材料置小试管中，加入材料体积 10～20 倍的铬酸-硝酸离析液，在酒精灯火焰上煮沸 5～8 min，取出少量材料置载玻片上，用镊子轻压，检查材料是否离散。若未离散，可继续煮 2～3 min，至材料离散为止。最后，用清水彻底冲洗，加少量 0.5%番红水溶液，用玻璃棒捣碎后，制临时装片观察。如需长期保存，可用 70%酒精浸泡，4 ℃冰箱保存。

3. 氢氧化钠离析法　该方法是较为简单的透明与离析方法，对柔软或较硬材料均适用。具体操作步骤如下：

取老丝瓜瓤（又称丝瓜络）用剪刀剪成 2～5 cm 长的小段，放入 10% 氢氧化钠溶液中离析 2 d 左右（离析时间因所取部位组织的老嫩而异）。取少许材料于载玻片上，滴水加盖盖玻片后，用铅笔有橡皮头一端敲击盖玻片。若材料离散，表明浸泡可以停止；若不能敲散，可更换新的离析液再次浸泡材料。最后，倒去离析液，处理好的材料用清水清洗几次，洗去离析液后保存于

70％酒精中备用。

取处理好的材料少量，放于载玻片的中央，滴上水，盖上盖玻片。用一张稍大一些的吸水纸盖在盖玻片上，左手轻轻压住，不要让盖玻片移动，右手用铅笔有橡皮头的一端对准盖玻片位置轻轻敲击，将材料组织敲散开后置于显微镜下观察，可见到大量的纤维和少量的导管。

四、涂压制片法

涂压制片法包括涂片法和压片法。涂片法是指将新鲜或固定后的材料放在载玻片上，用解剖刀或镊子柄将其压住并拖涂成均匀的一层，经染色后盖上盖玻片观察。涂片法适合病理学的研究。压片法是指将材料放在载玻片上，用解剖针或镊子使其均匀分散开，滴上染料加上盖玻片，用铅笔有橡皮头的一端轻轻挤压盖玻片从而使组织压散成一层，进行观察。例如，花粉母细胞减数分裂观察、根尖染色体观察、荠菜幼胚发育观察等。

1. 涂压制片法基本步骤

（1）取材。选择植株生长健壮、组织分裂旺盛、易于取材的组织或细胞作为观察材料。由于各植物细胞分裂的高峰时间不同，在取材时要加以考虑。

（2）前处理。改变细胞质内的黏度，抑制细胞分裂时纺锤体的形成，使细胞停留在有丝分裂中期，或增加中期分裂相的比例，更重要的是使染色体缩短变粗，利于染色体计数观察。常用前处理药剂有 0.05％～0.2％秋水仙碱、对二氯苯饱和水溶液、0.004％～0.005％ 8-羟基喹啉、0.001％～0.01％富民隆；处理时间 2～12 h。秋水仙碱处理用量过大或处理时间过长，会引起染色体过度收缩或产生多倍体。

（3）固定。防止细胞内蛋白质分解而导致结构变化。常用卡诺氏固定液（酒精：乙酸＝3：1）固定 1～12 h。

（4）离析。将细胞壁之间的中胶层水解，从而使细胞容易分离。主要方法有盐酸离析（1 mol/L 盐酸于 60 ℃下离析 5～15 min）、乙醇-盐酸离析（等量的 95％酒精和浓盐酸混合液离析 2～10 min）以及乙酸-盐酸-硫酸离析（45％乙酸：1 mol/L 盐酸：1％硫酸＝100：10：10，混合放置几分钟后再用，离析时间 10～60 min）。

（5）染色。将无色的组织细胞染色，以区分细胞中不同成分的形态结构。染色体观察的染液有苏木精、卡宝品红、结晶紫等。不同染料染色时间不等。

（6）封片观察。

2. 涂压制片法实例

（1）花粉母细胞及花粉粒的观察。

①取材：取适当大小的花蕾，通常从最小的花蕾开始取样，每隔一定时间进行取样，直至花蕾开放。

②固定：将实验材料各期发育的花药固定于冰乙酸-无水酒精（1∶3）中，固定约 0.5 h 即可，也可延长至 12 h。Navashin（纳瓦申）固定剂也较为适用，效果也好，该固定液分甲液与乙液。甲液，铬酸 15 mL，冰乙酸 10 mL，蒸馏水 75 mL；乙液，福尔马林 40 mL，蒸馏水 60 mL。使用之前混合，固定时间 12～48 h。如欲长期保存，可换用 70％酒精，4 ℃冰箱保存待用。

③染色与压片：将固定好的花药放置在载玻片上，吸去多余的固定液，用解剖刀和镊子解剖出一个花药，视花药大小横切为几段，或者直接用镊子进行碾压，使花粉从花药中挤出，滴加染液，静染 1～5 min 不等，剔除较大的花药，然后盖上盖玻片，在盖玻片上覆上一层滤纸，用铅笔有橡皮头的一端轻压，勿使盖玻片移动或压破，然后置于显微镜下进行观察。

（2）根尖染色体计数观察。

①取材：将实验材料的种子进行催芽处理，待根长到 1 cm 左右，将根剪下，用蒸馏水洗几次。

②预处理：根尖用 0.05％秋水仙碱溶液或 0.002 mol/L 8-羟基喹啉水溶液处理 4 h 左右。目的是抑制纺锤丝的形成，收集更多中期分裂相，同时使染色体缩短，在细胞质内更加分散。

③固定：预处理过的根尖用蒸馏水洗几次，在卡诺氏固定液（酒精∶冰乙酸＝3∶1）中固定 2～24 h，之后用 95％酒精冲洗，再转入 70％酒精中，可于 4 ℃冰箱保存。固定的目的是迅速杀死活细胞，同时使染色体的蛋白变性，保持其固有的形态，

④离析：固定后的根尖用蒸馏水冲洗，加入离析液（1 mol/L HCl）于 60 ℃离析 10 min。之后用自来水换洗 3 次，每次 5 min，将离析液彻底洗净。离析的目的是将细胞分散开来，使组织软化，易于压片。

⑤染色和压片：取一离析好的根尖置于载玻片上，切去根冠，从分生组织（离析后根尖顶端一小段乳白色组织）中切取尽可能薄的一片，加一滴改良苯酚品红染色液，染色 5～10 min，加上盖玻片。取吸水纸覆于盖玻片左侧，左手食指、中指按在此处，右手持一火柴棍对准根尖切片敲击，再用铅笔有橡皮头一端将材料均匀敲散。在盖玻片上覆两张滤纸，以两个拇指垂直按压制片。

⑥镜检：用低倍物镜找到分裂期细胞，再转用高倍物镜仔细观察。

第二章 石蜡切片制片技术

一、实验原理

石蜡切片是显微技术上最重要且常用的一种方法，它能切成连续极薄的切片，一般植物的根、茎、叶、子房等都可以用石蜡切片法制片观察。其基本原理是先用固定剂迅速固定组织材料使其保持原有成分、位置和微细结构，然后根据石蜡的溶解性和熔点，通过透明剂将石蜡渗透到材料的组织中，并迅速将温度降至石蜡熔点以下使其凝固成蜡块，制成连续极薄切片，通过不同的染色方法显示不同组织、细胞结构或细胞内的化学成分，便于显微镜下观察。

二、实验目的

1. 掌握石蜡切片制片技术的基本原理与流程。
2. 了解石蜡切片制片技术在农业、林业科学研究和生产实践中的应用。

三、实验材料与用具

各种植物的根、茎、叶和花芽，切片机，显微镜，镊子，刀片，载玻片，盖玻片，青霉素小瓶，蜡碗，纸船，福尔马林，冰乙酸，番红染液，固绿染液，无水酒精，二甲苯，盐酸，梅氏蛋白贴剂，蒸馏水。

四、实验步骤

1. 材料固定 将材料用快刀迅速切成适当大小的块（一般不超过 1 cm³），立即投入装有 FAA（福尔马林：冰乙酸：70% 酒精＝1∶1∶18）固定液（为材料的 20 倍）的青霉素小瓶中，抽真空后更换 FAA 固定液。放入 4 ℃冰箱，固定 24 h 以上备用。

2. 脱水 将材料从 FAA 中取出后先用 50% 酒精润洗，依次经 70% 酒精、85% 酒精、95% 酒精、无水酒精梯度脱水，每一级 2 h。

脱水这一步是制片中的一个关键。如果脱水不完全，石蜡就不能完全进入材料组织中，切片时蜡块易碎。

3. 透明 将材料从无水酒精中取出后依次经 1/2 二甲苯＋1/2 无水酒精、二甲苯透明，每一级 2 h。

4. 浸蜡 材料取出后放入盛有适量二甲苯的小杯中，往二甲苯中加入适量蜡屑，将小杯放入 38 ℃左右的温箱中过夜。次日用熔化的石蜡置换小杯中的二甲苯-石蜡混合液，62 ℃的温箱中放置，其间换 3 次纯蜡，间隔 4 h 换 1 次。

如若节省时间，可使用简易浸蜡法：将材料投入盛有 1/2 二甲苯＋1/2 蜡液的蜡碗中，将蜡碗放入 60 ℃的温箱中 1 h，然后换纯蜡，0.5 h 后换一次纯蜡，1 h 后再换一次。

5. 包埋　将熔化的石蜡连同材料一并倾入小纸盒中，用热针迅速地将材料排齐，然后平放入冷水中使其凝固。动作一定要迅速，否则蜡块凝慢了会出现结晶，切片易碎。

6. 切片　将包埋好的蜡块按预先计划好的纵切或横切方向进行修块，固定好后进行连续切片，切片厚度为 8~10 μm。

要得到好的连续切片需掌握以下几点：①刀要锋利；②刀和蜡块的角度要调整好；③蜡块的软硬要根据室温选择（夏天气温高，用熔点高的、稍硬的蜡；冬天气温低，则用熔点低的、稍软的蜡）。

7. 粘片　取干净的载玻片，在上面涂上适量的梅氏蛋白贴剂，滴加少量蒸馏水，从蜡带上切下一小段粘在载玻片上，在 42 ℃展台上展片，切片烘干展平后取下放入切片盒中，放置 2 d 以上方可染色。

注意：载玻片一定要干净，粘贴剂要适量（不能太多或太少），要将蜡带的背面（光滑面）和载玻片相贴。

8. 染色封片　采用番红-固绿对染，具体操作步骤如下：

石蜡切片 → 二甲苯脱蜡（5 min）→ 1/2 二甲苯＋1/2 无水酒精（2 min）→ 无水酒精（2 min）→95％酒精（2 min）→ 85％酒精（2 min）→ 70％酒精（2 min）→ 50％酒精（2 min）→蒸馏水（2 min）→ 1％番红染液（2 h）→ 蒸馏水（1 min）→ 50％酒精（1 min）→ 70％酒精（1 min）→85％酒精（1 min）→ 95％酒精（1 min）→ 0.1％或 0.5％固绿染液（40 s）→ 95％酸酒精（1 min）→无水酒精（2 min）→ 1/2 二甲苯＋1/2 无水乙醇（2 min）→ 二甲苯（5 min）→ 树胶封片。贴好标签。

注意二甲苯脱蜡一定要充分，可适当延长脱蜡的时间将蜡脱干净，装片在固绿对染和酸酒精分色的时间均不宜过长，否则影响切片的染色效果。

五、实验报告

选取自己感兴趣或科研训练中的植物组织材料，制作永久装片，并拍照记录。

第三章　植物显微观察及生物制图

一、显微镜的构造和使用

（一）显微镜的类型

显微镜的种类很多，可分为光学显微镜和电子显微镜两大类。

1. 光学显微镜　以可见光作光源，用玻璃制作透镜的显微镜，称为光学显微镜，可分为单式显微镜、复式显微镜两类。单式显微镜结构简单，常用的如扩大镜，由一个透镜组成，放大倍数在 10 倍以下。构造稍复杂的单式显微镜为体视显微镜，也称为实体显微镜或解剖显微镜，是由几个透镜组成的，其放大倍数在 200 倍以下。扩大镜和体视显微镜放大的物像都是方向一致的虚像，即直立的虚像。

复式显微镜结构比较复杂，至少由两组透镜组成，放大倍数较高，是植物形态解剖实验最常用的显微镜。其有效放大倍数可达 1 250 倍，最高分辨力为 0.2 μm（1 $\mu m = 10^{-6} m$）。除一般实验使用的普通生物显微镜外，重要的特种光学显微镜还有暗视野显微镜、相差显微镜和荧光显微镜等。

2. 电子显微镜　使用电子束作光源的一类显微镜，是近几十年来才发展起来的。电子显微镜以特殊的电极和磁极作为透镜代替玻璃透镜，能分辨相距 0.2 nm 左右的物体（1 nm $= 10^{-9} m$），放大倍数可达 80 万～120 万倍，其分辨力比光学显微镜大 1 000 倍，是了解超微世界的重要的精密仪器。现已应用于植物形态解剖学等学科的研究中。

（二）显微镜的构造

以下重点介绍植物学实验中最常用的两种光学显微镜——体视显微镜和复式显微镜——的构造，其他类型显微镜的构造和使用方法可参考有关专业书籍。

1. 体视显微镜

（1）目镜。目前使用的体视显微镜多为双目斜筒式，有 2 个目镜，呈一定角度排列（图 2-3-1）。

（2）物镜。1 个，为共用初级物镜。

（3）镜筒。2 个，中空管状结构。为了适应观察者左右眼在视力上的差异，其中一个镜筒附有伸缩装置，可校正双目视力差。

（4）内部光学透镜组。在物镜和目镜之间有一组光学透镜，包括次级物镜（变倍物镜）和一组棱镜。

（5）镜臂。手持显微镜的部位。有些型号的显微镜在镜臂的上部安装照明

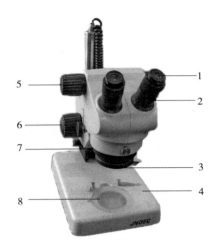

图 2-3-1　体视显微镜的构造
1. 目镜　2. 镜筒　3. 物镜　4. 镜座　5. 变倍螺旋　6. 准焦螺旋
7. 镜臂　8. 载物台

光源，可作反射照明观察。

（6）镜座。显微镜的底座，起稳定和支持整个镜体的作用。有些型号的显微镜在镜座内部安装照明光源，可作透射照明观察。

（7）载物台。位于镜座中央，通常为活动圆盘，供放置被观察物体之用。

（8）准焦螺旋。可以使镜体升降以调节焦距。

（9）变倍螺旋。可以通过调节变倍螺旋改变中间物镜组之间的距离，从而改变图像的放大倍数。

2. 复式显微镜　复式显微镜的基本构造包括两大部分，即保证成像的光学系统和用以装置光学系统的机械部分（镜架），其构造如图 2-3-2 所示。

（1）机械部分：

①镜座：显微镜的底座，支持整个镜体，使显微镜放置稳固。

②镜柱：镜座上面直立的短柱，支持镜体上部的各部分。

③镜臂：弯曲如臂，下连镜柱，上连镜筒，为取放镜体时手握的部位。直筒显微镜镜臂的下端与镜柱连接处有一活动关节，称倾斜关节，可使镜体在一定的范围内后倾，便于观察。

④镜筒：显微镜上部圆形中空的长筒，其上端放置目镜，下端与物镜转换器相连，并使目镜和物镜的配合保持一定的距离，一般是 160 mm，有的是 170 mm。镜筒的作用是保护成像的光路与亮度。

⑤物镜转换器：接于镜筒下端的圆盘，可自由转动。盘上有 3～4 个螺旋

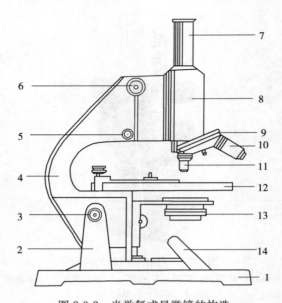

图 2-3-2　光学复式显微镜的构造

1. 镜座　2. 镜柱　3. 倾斜关节　4. 镜臂　5. 细调焦螺旋　6. 粗调焦螺旋　7. 目镜

8. 镜筒　9. 物镜转换器　10. 高倍物镜　11. 低倍物镜　12. 载物台

13. 聚光器　14. 反光镜

圆孔，为安装物镜的部位。当旋转转换器时，物镜即可固定在使用的位置上，保证物镜与目镜的光线合轴。

⑥载物台（镜台）：放置玻片标本的平台，中央有一圆孔，以通过光线。两旁装有一对压片夹，用以固定玻片标本。研究用的显微镜装有机械移动器，一方面可固定玻片标本；另一方面可利用上面的操纵钮，使玻片标本前后左右的移动。

⑦调焦装置：为了得到清晰的物像，必须调节物镜与标本之间的距离，使标本与物镜的工作距离相等，这种操作称为调焦。在镜臂两侧有粗、细调焦螺旋各一对，旋转时可使镜筒上升或下降。大的一对是粗调焦螺旋，调动镜筒升降距离大，旋转一圈可使镜筒移动 2 mm 左右。小的一对是细调焦螺旋，调动镜筒的升降距离很小，旋转一周可使镜筒移动约 0.1 mm。

⑧聚光器调节螺旋：在镜柱的左侧或右侧，旋转它时可使聚光器上、下移动，借以调节光线，但简单的显微镜没有这种装置。

（2）光学部分。由成像系统和照明系统组成。成像系统包括物镜和目镜，照明系统包括反光镜和聚光器。

①物镜：物镜是决定显微镜质量的最重要的部件，安装在镜筒下端的物镜

转换器上，一般有 3 个放大倍数不同的物镜，即低倍、高倍和油浸物镜，镜检时可根据需要择一使用。物镜可将被检物体作第一次放大，一般其上刻有放大倍数和数值孔径（N.A.），即镜口率。普通光学显微镜的物镜有以下 3 种（表2-3-1）。

表 2-3-1　物镜的常见类型及其技术参数

物镜倍数	数值孔径	工作距离/mm
10×	0.25	7.63
40×	0.65	0.53
100×	1.25	0.198

所谓工作距离是指物镜最下面透镜的表面与盖玻片（其厚度为 $0.17\sim$ 0.18 mm）上表面之间的距离。物镜的放大倍数愈高，它的工作距离愈小。一般油浸物镜的工作距离仅为 0.2 mm，所以使用时要多加注意。

②目镜：安装在镜筒上端，它的作用是将物镜所成的像进一步放大，使之便于观察。其上刻有放大倍数，如 5×、10× 和 16× 等，可根据当时的需要选择使用。目镜内的光栏上可装一段头发或金属针，在视野中则为一黑线，称指针，可以用它指示所要观察的部位。

③反光镜（反射镜）：反光镜是个圆形的两面镜。一面是平面镜，能反光；另一面是凹面镜，兼有反光和汇集光线的作用，可选择使用。目前使用较多的显微镜为电光源反射镜，只有一面。反光镜具有能转动的关节，可作各种方向的翻转，面向光源，能将光线反射在聚光器上。

④聚光器（聚光镜）：装在载物台下，由聚光镜（几个凸透镜）和虹彩光圈（可变光栏）等组成。它可将平行的光线汇集成束，集中在一点，以增强被检物体的照明。聚光器可以上下调节，如用高倍物镜时，视野范围小，则需上升聚光器；用低倍物镜时，视野范围大，可下降聚光器。

⑤虹彩光圈：装在聚光器内，位于载物台下方，拨动操纵杆，可使光圈扩大或缩小，借以调节通光量。

3. 相差显微镜　通过给聚光镜安装环状光栅，并配置相差物镜，使光线通过被检物体后产生的相位差转换成振幅差而成像，以增大透明物体的明暗反差，从而可用来观察透明无色的活细胞或没有染色的细胞制片，可清楚地分辨细胞的形态及细胞内的细节。也可用于染色细胞制片的观察，能增加反差，提高分辨率和立体感。

4. 荧光显微镜　荧光显微镜是利用一定波长的光使样品受到激发，产生不同颜色的荧光用来观察和分辨样品中某些物质及其性质的一种显微镜。其基本结构与普通光学显微镜基本相同，主要区别是荧光显微镜具有荧光光源和滤色系统。荧光光源常用的有高压汞灯和氙灯，滤色系统由激发滤光片和阻断滤光片组成。激发滤光片放置于光源和物镜之间，其作用是选择激发光的波长范围。阻断滤光片是吸收和阻挡激发光进入目镜，防止激发光干扰荧光和损伤眼睛，并可选择特异的荧光通过，从而表现出专一的荧光色彩。

（三）有关普通光学显微镜的知识

1. 放大倍数　显微镜的总放大倍数是由目镜和物镜原有放大倍数的乘积来表示的，如表 2-3-2 所示。

表 2-3-2　光学显微镜放大倍数的计算

目镜	物镜		
	10×	40×	100×
5×	50×	200×	500×
10×	100×	400×	1 000×
16×	160×	640×	1 600×

如果目镜的放大倍数过大，得到的放大虚像则很不清晰。所以，一般目镜放大倍数不宜过大。

2. 镜口率（数值孔径）　被检物体细微结构的分辨力，并不完全取决于放大倍数，而主要是由镜口率决定。在物镜镜头上常标有 N. A. 10/0.25、N. A. 40/0.65、N. A. 100/1.25（油镜头），有的是 N. A. 100/1.30。N. A. 表示镜口率，也就是数值孔径。N. A. 的值越大，分辨力越高。所谓分辨力是指分辨被检物体细微结构的能力，也就是判别标本两点之间的最短距离的本领。因此，镜口率越大，物镜的价值也就越高，它是衡量显微镜质量的主要依据。

欲使显微镜发挥它的能力，除有高级的物镜外，还必须有优良的聚光器，因为物镜的分辨力受聚光器镜口率的影响。物镜有效镜口率的计算如下式：

$$物镜的有效镜口率 = \frac{物镜镜口率 + 聚光器镜口率}{2}$$

例如，镜口率为 1.2 的物镜，如与镜口率为 0.5 的聚光器配合使用，则物镜的有效镜口率就降低为 0.85。因此，聚光器的镜口率应该与物镜的镜口率一致。通常聚光器上仅刻有最大镜口率的数值，如 N. A. 1.0、N. A. 1.2、N. A. 1.4 等。因此，在使用时要注意调节，使二者镜口率相等。

如果采用折射率更高的香柏油浸液，物镜的镜口率还可提高。

3. 视野宽度　目镜光栏所围绕的圆即视野宽度。视野宽度愈大，观察玻片标本的面积愈大，则显微镜放大的倍数愈小。所以，视野宽度与放大倍数成反比。因此当将低倍物镜转换成高倍物镜时，必须先把标本移到视野的正中央，否则标本的影像落到缩小的视野的外面，反而找不到需要进一步放大的物像了。

4. 指针的安装　新购置的显微镜一般没有指针，为了教学的需要，可以自己安装指针。具体方法如下：将目镜的上盖（一片透镜）旋下，取 5～10 mm 长的一小段头发或金属针（其长度约等于目镜的半径），用镊子夹住一头，将另一头蘸上少许加拿大树胶（或牛皮胶），将其粘在目镜内壁的金属光栏（铁圈）上，注意使指针的尖端位于视野的中央，稍干后，旋紧上盖即可使用。

5. 测微尺的使用　常见的测微尺包括台式测微尺和目镜测微尺两种。

（1）台式测微尺。一种特制的载玻片，中央有一个具刻度的标尺，全长为 1 mm，共分成 100 小格，每小格长 0.01 mm，即 10 μm（图 2-3-3）。

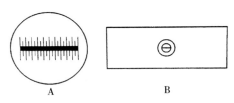

图 2-3-3　台式测微尺
A. 标尺的放大　B. 具标尺的载玻片

（2）目镜测微尺。放在目镜内的一种标尺，为一块圆形的玻璃片，直径 20 mm，正好能放入目镜内，上面刻有不同形式的标尺，有直线式和网格式两种。用于测量长度的一般为直线式，共长 10 mm，分成 10 大格，每 1 大格又分成 10 小格，共计 100 个小格；网格式的测微尺可以用来计算数目和测量面积（图 2-3-4）。

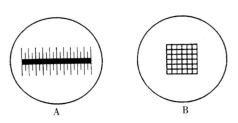

图 2-3-4　目镜测微尺
A. 直线式　B. 网格式

（3）长度测量法。以目镜测微尺和台式测微尺配合使用。先将目镜测微尺的圆玻片放入接目镜中部的铁圈上，观察时即可见标尺上的刻度，但其格值是不固定的，可随物镜放大倍数的不同而改变，所以不直接用它测量，必须先用台式测微尺确定它的格值。具体方法是：使上述两种测微尺的刻度重合（图2-3-5），选取成整数重合的一段，记录下二者的格数，然后计算目镜测微尺每格的长度，即：

$$目镜测微尺的格值/\mu m = \frac{两重合线间台式测微尺的格数 \times 10}{两重合线间目镜测微尺的格数}$$

例如，目镜测微尺的 100 格，等于台式测微尺的 50 格，即目镜测微尺在这一组合中每格实际长度为 5 μm。

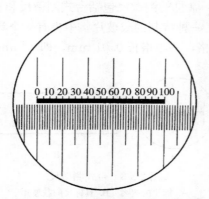

图 2-3-5　测定目镜测微尺每格的实际长度

（四）生物显微镜电视示教互动系统

1. 生物显微镜电视示教系统

（1）系统组成。生物显微镜电视示教系统由生物显微镜、图像采集或信号转置、显示屏及其辅助部件组成。

（2）原理。生物显微镜电视示教系统通过摄像装置将显微镜内可视的微观图像转换为视频信号，再传送到显示屏上显示出来。

（3）生物应用。生物显微镜电视示教系统可以将显微镜上所能观察到的图像转换放大到显示屏上，同时供多人观看，便于针对较多的生源进行教学示范，解决了一般生物显微镜示教难度大的难题，使教师的讲解更为直观生动，在生物学实验课堂上有着较强的实用性；但它只能显示一台生物显微镜上的图像，只能进行示范，不能对所有学生显微镜上的操作进行监控，也不便与学生间进行互动。

2. 数码显微互动实验教学系统　随着科技的进步，人们开始将计算机网络技术和显微数码技术有机结合在一起，运用于教学过程中。它可以实现图像的网络互动，使教学过程更为精彩，教学效果更为显著，在形态解剖学实验教学过程中有着很强的实用性。

（1）系统组成。数码显微互动实验教学系统组成如图 2-3-6 所示。

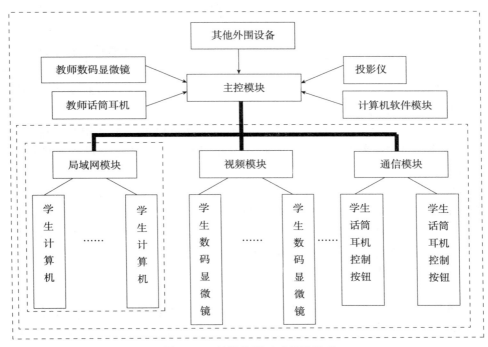

图 2-3-6 显微数码互动系统组成

（2）主要功能。

①教师端对学生端的监控：主控台可以选择学生通道，对一台或数台学生端显微镜或计算机内的画面进行实时显示和监控。

教师可通过教师端软件中控制面板下达指令，启动或关闭学生端软件，关闭或重启学生端计算机。教师端软件选择学生通道时，还可直接对学生端计算机进行操作。

②图像广播与语言交流：教师可以选择教师端显微镜中的图像、某一学生端显微镜中的图像、教师计算机中的图片传送到每一台计算机屏幕上，以实现图像信息的数据共享和教学。

数码显微互动实验教学系统中的语音交流功能可实现教师与学生间及学生与学生间的双向沟通。学生可向老师呼叫，老师可选择通话模式与学生进行交流。语音交流功能有几种交流模式可供选择。

a. 广播数据模式：教师通过头戴耳机话筒讲话，全体学生用耳机收听，但不可发言。

b. 师生交流模式：教师可与学生进行对一或对多的对话，只有被选择的学生才可以收听和发言。

c. 分组模式：将学生分为数组，组内学生可互相通话，教师也可随时加入。

③图像处理：数码显微互动实验教学系统可以对学生和教师图像增加动态红、绿、蓝及进行白平衡、图像除噪等处理。

④图像测量与采集：利用数码显微互动实验教学系统可以对图像中的线条、图形等进行距离、面积等的测量。

利用数码显微互动实验教学系统的拍照工具可以进行手动拍照、自动拍照、录像、录制屏幕等操作，不但能保留静态的图片，还能录制动态的操作过程。

⑤作业下发、提交和批改：在教师端软件中有文件和作业下发、作业批改等功能，在学生端软件中有作业提交功能，可以体验无纸化作业。

数码显微互动实验教学系统可以将不同的图片放在一起进行比较。带有投影设备的还可以将教师计算机屏幕中的内容投影到幕布上，实现多人共享。

（3）数码显微互动实验教学程序。

①打开电源，开启教师端和学生端计算机。

②打开数码显微互动实验教学系统软件，教师端数码显微互动实验教学系统软件在教师端计算机中打开，学生端可由学生在各自的计算机中打开，也可由教师利用控制软件打开学生端软件。

③打开教师端和学生端显微镜，装上玻片标本或实体标本，调节显微镜进行观察。

④打开投影仪，降下电动幕布。

⑤互动教学，教师、学生根据教学需要进行相关操作。

⑥实验结束时，先关闭教师端和学生端显微镜电源开关。

⑦关闭投影仪，收起电动幕布。

⑧通过教师端软件或由学生端直接关闭学生端软件再关闭学生端计算机，或直接关闭学生端计算机，然后关闭教师端软件、教师端计算机。

⑨给显微镜盖上防尘罩。

⑩关闭电源。

二、植物显微化学鉴定

植物显微化学鉴定是应用化学药剂处理植物的组织细胞，使其中某些微量的物质发生化学变化，从而产生特殊的染色反应，并通过显微镜来鉴定这些物质的性质及其分布状态的方法。其种类很多，下面仅介绍细胞中主要的 3 种贮藏物质和细胞壁中木质素和栓质成分的显微化学鉴定方法。

1. 淀粉的鉴定　淀粉是植物体中主要的贮藏物质，它们在不同植物细胞中形成各种不同形状的颗粒，当稀释的 I_2-KI 溶液（配方见附录一）与淀粉作用时，形成碘化淀粉，呈蓝色的特殊反应。用碘液鉴定淀粉已成为最常用的方法。但需注意如果碘液过浓，会使碘化淀粉变黑，反而不利于淀粉轮纹及脐点的观察。

2. 蛋白质（糊粉粒）的鉴定　蛋白质是复杂的胶体，细胞内贮藏的蛋白质是没有生命的，呈比较稳定的状态，有无定形的、结晶状的或成为有固定形态的糊粉粒。糊粉粒是植物细胞中贮藏蛋白质的主要形式。鉴定蛋白质常用的方法也是用 I_2-KI 溶液，但浓度较大效果才好（配方见附录一）。当 I_2-KI 与细胞中的蛋白质作用时，呈黄色反应。在显微镜下观察时，可见黄色的颗粒状的糊粉粒。

注意：在进行这种蛋白质鉴定工作之前，须用酒精对材料进行处理，即在植物切片材料上滴加 95％酒精，首先把材料中的脂肪溶解掉，以保证蛋白质颜色反应的正确性，才能看清糊粉粒的结构。

3. 脂肪和油滴的鉴定　脂肪和油滴也是植物细胞贮藏的主要营养物质之一。脂肪在常温下为固体形态，油滴则呈液体状态，均不溶于水。

常用的显示脂肪的显微化学方法是苏丹Ⅲ的酒精溶液（配方见附录一）染色，呈淡黄色至红色，但近年来已多用苏丹Ⅳ的丙酮溶液（配方见附录一）代替，其染色效果比前者稍红和明显。但这不是专一的组织化学反应，苏丹Ⅲ、苏丹Ⅳ染液均能使树脂、挥发油、角质和栓质染色。鉴定过程中，为了效果明显，可稍加热以促进其反应。

4. 木质素的鉴定　木质素是芳香族的化合物，在细胞壁中一般呈复合状态。用盐酸和间苯三酚先后处理植物材料，是细胞壁木质素成分的鉴别方法。根据颜色反应的深浅能显示细胞壁木质化的程度。

鉴别时，取新鲜植物材料的切片，置载玻片上，先加 40％盐酸 1～2 滴，3～5 min 后，待材料被盐酸浸透，再加 5％间苯三酚的酒精溶液（配方见附录一），当间苯三酚与细胞壁中的木质素相遇时，即发生樱红色或紫红色反应。导管、管胞、纤维和石细胞等细胞壁中木质素成分丰富，因此它们的颜色反应十分典型。加盐酸的作用是由于间苯三酚需在酸性环境中才能发生上述反应。

间苯三酚为白色粉末，易氧化变性，若已呈灰褐色或溶液已发黄，往往失效。

5. 细胞壁栓质化的鉴定　细胞壁内渗入栓质，逐渐使细胞壁不透水，因而细胞原生质体渐渐消失，最后使细胞死亡，仅留栓质的细胞壁，细胞壁的这种变化称为细胞壁的栓质化。鉴别方法如下：

①在切片材料上加一滴苏丹Ⅲ（或苏丹Ⅳ）酒精溶液（70％酒精的饱和液），待 15～20 min 后，用 50％酒精洗去多余的染料，在显微镜下观察，如有栓质化的细胞壁，则呈现橘红色的反应。

②氯化锌-碘鉴定法：在切片上滴一滴氯化锌-碘混合液，栓质化的细胞壁即呈现出紫红色反应。

三、植物学绘图的基本要求

在科学研究报告或是在实验报告中，常常需要绘制植物图片来表示组织或器官的结构特征，以加深对理论知识的理解和记忆，提高对科学知识的认知。因此，在植物学的实验过程中有必要学习和掌握正确的绘图方法和技巧。

（一）植物学绘图的一般步骤及规范

植物学绘图要求表达规范。在以图形表示或记录所观察对象的形态或结构特征时，必须科学、客观、真实地描述和反映所观察的形态与结构。版面中的图形分布要均匀、合理，比例恰当；线条清晰、流畅、匀称；重点突出、主次分明，主要特征显示清晰，使人一目了然；注图必须准确，突出重点，简明扼要，引线平行不交叉，终点在一条直线上；字体宜使用仿宋字体，注字清秀、工整，使用术语科学、规范；此外，报告应力求整洁等。植物绘图的一般步骤及规范如下：

1. 充分准备，科学观察 每次实验前，应充分做好实验前的准备工作。准备好绘图工具和绘图纸，如削尖的 2H（或 3H）铅笔、HB 铅笔、橡皮、直尺和统一印刷的实验报告纸等。认真预习，正确理解和掌握与本次实验相关的理论知识和实验内容等，做到胸中有数。

在实验观察过程中，必须选择有代表性的、典型的结构特征进行观察，同时要注意把握和区分一般性与特殊性，真实结构与"人为结构"，如切片过程中造成的破损或染色剂的污染等。然后在对所观察的对象进行全面观察、科学分析的基础上，真实地、科学地和准确地记录和描述植物体的形态结构特征。

2. 合理布局，比例恰当 绘图前要确定所要绘的图在报告纸上的位置和大小，合理布局，使图和图标在报告纸上所占面积和位置恰当。一般根据在报告纸上要画几个图以及图本身的大小来确定位置。如果要画两个图，先要在报告纸上方留下一部分空白，用于书写本次实验题目，余下部分可一分为二，作为画两个图的地方；并记住要在图的右侧预留下图注和引线的位置，图的面积应大于图注的面积。

当画图的位置确定以后，就要确定图的大小，一般要尽可能地把图画大一些。如果画的是细胞图，为了清楚地表明细胞内部结构，所画细胞不宜过多，只画 2~3 个即可。如画器官的结构图，也不一定把全部切面（如根或茎的横切面）画出，只画 1/8~1/4 扇形部分即可。

3. 先描后绘，突出重点 确定好位置后，就可绘制草图，用 HB 铅笔在绘图纸上轻轻勾画所选物像的大小轮廓。勾画草图时要注意对照，观察所画轮廓大小是否与实物比例相符合，并做到：①轮廓准确、比例协调、空间布置合理；②落笔轻，线条简洁，画线不宜太重，要考虑容易擦去；③保持图面清洁。

确定草图与实物结构及比例无误后，再用 2H 或 3H 的硬铅笔将各部分结构画出。植物图不同于艺术图，各部分结构及特征均以点或线的形式表示。线条要求一笔勾出，粗细均匀、光滑、清晰、明暗一致，无深浅、虚实之分，线条的衔接必须准确，不能接头错位或衔接不准，接头处无分叉，切忌重复描绘；所有结构线条不能用直尺或其他圆规等工具代画，必须手绘而成，因为植物的器官或组织没有完全成方或圆的形状，最多只是一些近似的几何图形。如果借助直尺或圆规作图，往往会失去植物的自然状态。

明暗和颜色的深浅用圆点衬阴表示，给予立体感。点要圆而整齐，大小均匀，切忌钉着点、蝌蚪点、点形条、重选点、毛糙点。点点的顺序应依照物像特点，灵活掌握疏密变化，一般由疏至密，由浅至深，逐点进行，不能用涂抹阴影的方法代替圆点。

4. 图注规范，字迹工整 图画好后，要再与显微镜下的实物对照，检查一下有无遗漏或错误，然后把各部分的名称注出，一般注在图的右边，从相应结构部位画出引线再注结构名称，引线用直尺画实线来表示，一般保持水平状（即与实验报告纸的上、下缘平行），细直均匀不交叉，以免误指，所有引线右端点应在同一垂直线上。注字一律用铅笔，不要用钢笔、有色水笔或圆珠笔，书写要求清楚端正，排列要整齐，图题和所用材料的名称和部位写在图的下方。

（二）绘图技巧

1. 布点 布点是一项细致而费工的技巧。点要点得圆、点得匀、点的排列，要保持整齐、均匀，均匀中求变化，在变化中间要统一，所以应有计划（心中有数）地从明处点起，小心而慢慢地点，一行行交互着点，不要等到画好后看得太疏而再加点，再加的点反而会变得不均匀，明的部分、色淡的部分点小些、稀些，暗的部分、色深的部分点要大些、密些。

2. 画线 画线是绘图的又一基本功，一般以肘贴桌面，掌侧和小指抵图纸，紧握笔杆，从左下向右上的方向运笔，同时应闭气用力，可使线条均匀、光滑、流畅。一般来说，不应露出笔尖起落的痕迹。笔尖含黑的多少、压笔力的大小，常引起线点的粗细变化，要多加体会运用。

3. 注意事项　绘图时要有耐心，座位的高低必须合适，以免疲劳；草图应一气绘成，尽量不要中途停顿。

四、植物数码摄影技术

数码摄影系统是继银盐胶片传统相机之后的一种新型的电子相机系统。它是利用电子技术的电视摄像的原理，以磁盘代替传统摄影的感光胶片，把影像的光信号转换成电子数字信号储存在磁盘上，再通过处理与输出设备使用图像的过程。

与传统摄影相比，数码摄影有两点优势：其一是储像磁盘的容量大于传统的胶卷；其二是省略了传统胶卷的后期冲放过程，拍摄后马上就能看到图样，接上打印机就可打印出照片，联上计算机、编辑机，就能修改、编排图片等。

一幅优质的植物形态或显微结构数码照片应主题鲜明、构图简洁、用光恰到好处、色调和谐，应是艺术性和科学性的完美结合。

（一）数码摄影系统与成像原理

1. 数码摄影的主要仪器与设备

（1）数码相机或摄像机。利用数码相机、数码摄像机拍摄的图片、图像资料可以方便地作为数字化信息保存于计算机或 U 盘中。用于科研实验的数码相机像素要在 500 万以上。

（2）闪光灯。野外考察应配备单独的电子闪光灯，以便在低光照度（如林中、傍晚）或有风（闪光灯的使用可以提高快门速度）等困难条件下取得较好的影像。

（3）支撑物。常用的支撑物有三脚架和独脚架两种。一个好的三脚架可使相机相当稳定，拍照时能够仔细取景和慢速曝光，以便使用较小的光圈获得更大的景深。在野外使用带手杖的轻便独脚架更便利。

（4）电子存储器。外出拍摄大量照片时，需要配置带有电源的移动硬盘存储器或笔记本计算机，用于存储大量的数码照片。

（5）显微镜或解剖镜。要求显微镜和解剖镜能装摄影装置，光强可调，底座稳定。

（6）数码图像显示装置及相关的软件。

（7）其他设备。主要有电池或外接电源、摄影包、反光板、吸光板、镊子、解剖针、放大镜等。

2. 数码成像原理　数码摄影系统由输入设备、处理设备和输出设备等 3 个部分组成。输入设备主要是指数码相机和扫描仪。数码相机是在传统相机胶片的位置装置了相关的电子器件和磁盘。在拍摄时，外界景物反射光线通过镜头后，由相机的取景、调焦系统进行画面选择和自动聚焦。快门开启后景物入射光线通过镜头后面的特制滤色镜，被分解为红、绿、蓝三原色光，投射到电荷耦合器上，电荷耦合器将感应到的电荷转化为计算机能识别的数字信号。具有按顺序传输电荷的耦合器器件简称 CCD，它由一系列光敏二极管组成，可以将光的强弱转换成大小不同的电荷。射到电荷耦合器上的光越强，电荷的变化越大。

由电荷耦合器转换成的电子数字信号输入到图像压缩晶片中进行格式化处理，然后储存在磁盘中。磁盘通过计算机，就能在屏幕上观看拍摄到的景物图像，也可通过计算机对图像做选择处理。通过彩色打印机可以得到照片，通过激光照排机可用于版面编排等。

（二）植物图片的数码拍摄举例

1. 植物形态图片的拍摄　作为科学实验应用的植物摄影的表现手法主要是纪实。要如实地记载植物的典型枝、干、叶、花、果和根系，突出显示植物特有的形态组成特征。例如，花瓣分离与联合、花瓣片的相互关系、雄蕊的着生位置、花药花丝间的联合与分离、雌蕊类型、子房位置、胎座与胚珠类型等。植物形态图片拍摄的一般步骤如下：

（1）材料的选择。材料的选择要典型、完整，具有代表性，对于不同期出现的器官要分期拍摄。若要拍摄植株的个别特征，可以适当地去除植株部分枝条，甚至只保留很少的主要部分。例如，拍摄繁缕的特立中央胎座，应分别拍摄子房的纵切和横切。

（2）取景和拍摄。

①取景：要根据研究目的进行取景。取景时，要使被摄的物体或主要特征影像中心位于长方形取景框的对角线中心，并使两者的长短相应，调节焦距，改变图像大小，尽量占据整个画面，让影像的长轴和取景框横轴平行。在体视显微镜下影像的大小可采用调换物镜和目镜来控制。

②聚焦与拍摄：在体视显微镜下拍照，可以转动调焦螺旋，辨清材料的细微结构，选择拍摄部位。取景聚焦，需多次反复，每部位可以拍摄 3～5 张，以便最后选择理想的图像。取景聚焦完毕，即可拍摄。

（3）记录。每拍一张或每拍一批图片都要对所拍摄图片分别编号，详细记录拍摄条件、被摄植物特点、生境、仪器组合、曝光时间等，以备后考。

（4）照片选择与处理。拍摄的照片要及时转入计算机，采用 PhotoShop、

ACD等图片处理软件进行加工，选择特征清晰的图片，制作拷贝备份。

2. 植物显微结构图片的拍摄　在科学研究中，经常要利用显微摄影装置把显微镜视野中的物像拍摄下来，这种拍摄显微镜视野中物像的技术称为显微拍摄或显微摄影。

（1）材料选择。幼小器官、活组织临时切片、细胞和原生质体、愈伤组织、植物体表面等，力求新鲜无杂。植物组织的永久切片应清洁无尘、无气泡，所摄部分完整清晰、无刀痕，结构典型。

（2）调节光源和光阑。

①聚光器和光源灯的调中：显微摄影通常采用中心亮视野透射照明法。摄影前，要把聚光器和光源灯调中，使聚光器中心与视场光阑的中心处于同一光轴上。光源灯的灯丝照明于视野中心。

②调节光阑：显微镜有两种可调节光的结构，即孔径光阑和视场光阑。视场光阑位于镜座之中，其作用是根据物镜的倍数给予不同直径的光束面积。在显微摄影时有增减影像反差的作用。当光阑扩大到一定程度，照射到标本上的光会有反射和散射，造成影像反差的损失。当视场光阑收缩到取景框边缘的时候，摄影图像的反差就会改进。如果视场光阑收缩得过于接近取景框，图像的四角将被切去。因此，视场光阑应比取景框稍大。

调节孔径光阑有两种方法：第一种是把标本对好焦点以后，取出镜筒中目镜，用肉眼观察镜筒。边观察物镜的后焦点平面，边用手调节孔径光阑。第二种是应用聚光镜上刻的数值孔径。例如，用数值孔径 0.25 的 10×物镜，如让孔径光阑缩小到 80%，聚光镜上的数值孔径刻度标记应该放在 0.2 （0.25×80%＝0.20）上。

视野亮度通常可通过改变光源电压以及加减滤镜光片来调节。

（3）曝光确定。

①影响曝光因素：影响曝光的因素很多，包括光源强度、物镜的数值孔径、目镜的放大倍数、滤光片的颜色以及切片的差异等。

a. 光源强度：电压高、功率大的灯泡，光照度大、蓝紫光多、色温高则感光快，曝光时间短。通常用的是 6 V、15 V 的钨丝灯泡，红橙光多，蓝紫光少，灯光显黄色。

b. 物镜的数值孔径和目镜的放大倍数：曝光时间取决于视野中的影像亮度。影像亮度与物镜、目镜的性能相关，物镜的数值孔径大，进光量多，影像亮度大，曝光时间要短；目镜放大倍数大，视野相对加大，影像的亮度相应减小，曝光时间要长。曝光时间与有效的物镜的数值孔径的平方成反比，与目镜的放大倍数的平方成正比。

c. 滤光片的颜色：滤光片具有滤光作用，光源投射的光束，经滤光片的选择吸收，仅有部分色光透射，减弱了光源的照明强度。其减弱的程度，因滤光片不同而有差异。被滤光片减弱的光照度，在摄影时必须给予补偿，以达正确的曝光。

d. 切片的差异：切片的厚度与颜色变化影响到光的透过和吸收。即使在同一切片中，不同部分的光亮程度也不同，因而也影响曝光时间的选择。

②确定曝光时间的方法：在显微摄影中确定曝光时间的方法通常有三种。

a. 经验法：除经验非常丰富的人外，一般不宜采用。因为显微摄影的光照度因切片的变化太大，不易做出正确的估计。

b. 试摄法：这是一种简单、易行、准确、可靠的确定曝光时间的方法。在初次进行显微摄影或拍摄一种新目的物时，即使有测光表，也应先进行试曝光。其方法是用同一切片在相同条件下，按几何级数增加曝光时间来拍，得到不同曝光时间的试摄图片，根据图片质量决定正确的曝光时间。

c. 测光表法：现代的显微摄影装置主要采用两种类型测光表——内装或外接式全自动曝光控制表和 TTL 测光表，都属于自动曝光系统。

（4）取景和拍摄。

①屈光度的调节：在显微摄影装置的接头部位，有一侧视目镜取景器，它由数片透镜组成。近眼端为屈光度调节环，能左右转动，变换透镜间距，改变焦点距离。在侧视目镜取景器内有一玻璃屏，上刻双十字线。调节时，左右转动屈光度调节环，使侧视目镜取景器镜筒的前端伸缩，改变焦距，至清晰地分辨出双十字线为止（图 2-3-7），经过调节，使不同视力者在显微摄影时都能精确对焦，拍出清晰的图片，而不会因视力不同，获得不同的拍摄效果。双十字线校准后，不能随意变动屈光度调节环，以防焦距改变。

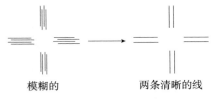

模糊的　　　　　　　　　两条清晰的线

图 2-3-7　调焦示范

②取景：取景应根据研究目的，借助于预览框确定拍摄范围和物体影像在图片上的大小（倍数）。影像的大小可采用调换物镜和目镜来控制。

③聚焦与拍摄：转动显微镜的粗调焦螺旋，改变物镜和被检物体的距离，使视野中物体影像在预览框内清晰，主要特征明显。取景聚焦，需几经反复，每次取景可以拍摄 2～3 张图片，以便选择。取景聚焦完毕，立即按下快门按

钮。加放滤色镜要在聚焦前完成，在聚焦后加用，会使焦点改变，影像不清。

（5）记录及图片处理。在显微图片的拍摄过程中，每拍一张或一批都应做详细记录，以备后查和对号。拍摄的照片要及时转入计算机，并利用相关软件对图片进行处理，选优除劣和拷贝保存。

第四章　植物超微结构观察材料的预处理

植物超微结构观察所用的电子显微镜简称电镜，分为扫描电镜和透射电镜。扫描电镜能直接观察到样品表面的三维立体结构，如植物的花、叶、果实的表面结构等；透射电镜可观察到植物组织的超微结构，如叶绿体的膜结构、韧皮部的输导组织结构等。它们的制片方法不同。

一、扫描电镜常规制片方法

1. 取材　要求动作迅速、部位准确；刀片要锋利；尺寸不宜过大；采取易分散的材料，要注意防尘、样品分散；数量必须取够。

2. 清洗　共清洗 3 次。清洗掉样品表面杂质等附着物，除掉没有和样品成分发生反应的固定剂。常用的清洗液有蒸馏水、生理盐水、各种缓冲液以及含酶的清洗液，可依具体情况选择。

3. 固定　尽量稳定保存样品细胞内的各种成分和结构，使其接近生活时的状态。常用的方法是戊二醛-锇酸双固定法。先用 1‰～3‰戊二醛缓冲液固定数分钟至数小时，再用 1‰锇酸缓冲液在 4 ℃下固定 30～60 min。

4. 脱水和置换　采用系列酒精或丙酮逐级脱水，一般为：30‰→50‰→70‰→80‰→95‰→100‰，每步 15～20 min。

5. 干燥　去除样品中的游离水或已取代游离水的脱水剂，使样品中不含有液态物质，临界点干燥法是目前公认的较好方法。

6. 粘样　将干燥好的样品用导电胶将样品粘在样品台上，并做好标记。常用的导电胶有银粉导电胶、石墨粉导电胶、双面胶带、普通胶水等。

7. 镀膜（喷涂）　把粘贴到样品台上的样品和样品台表面同时喷涂上一层金属膜，使样品具有良好的导电性，以便下一步观察。一般喷涂 10～20 nm 厚的金属膜，常用的金属有金、铜、铝、金-钯。

8. 观察　喷好的样品即可以用扫描电镜进行观察（一般 20 kV）。如果暂时不能观察，需把样品放入干燥器中保存，以防受潮或被污染。

二、透射电镜制片基本方法（超薄切片）

1. 取样　样品取样要有代表性，速度要快（控制在 1min 内），位置要准确，在低温（0～4 ℃）中操作，防止损伤。所取材料体积要小，一般要求样品大小为 0.5～1.0 mm³。

2. 固定　要在分子水平上保存细胞超微结构，常用的方法是化学固定法。目前大部分植物材料采用的是戊二醛-锇酸双固定法，即先用戊二醛做预固定，然后用锇酸做后固定。对于一般植物叶、幼茎、幼根可用 3％戊二醛固定 2 h，用 1％～2％锇酸固定 2～3 h。

3. 脱水　常用的脱水方法是逐级脱水，即采用的脱水剂浓度梯度为 30％→50％→70％→80％→90％→95％→100％（100％ 浓度中换 3 次）。常用的脱水剂为酒精或丙酮。每一级脱水剂中停留时间为 10～20 min，脱水剂用量一般为样品体积的 10 倍以上。

4. 渗透与包埋　将脱完水的组织先后经过脱水剂和环氧树脂渗透液（常用的包埋剂）浸泡，比例分别为 3∶1→1∶1→1∶3，每步 30～60 min。将渗透好的样品块放到适当模具中，灌上包埋液包埋，经过加温聚合形成一种固体基质（也称包埋块），准备切片。

5. 超薄切片　标准的超薄切片是厚度适中、均匀、平整、无刀痕、无颤纹和无皱褶的。基本步骤为：准备切片刀和铜网→修整包埋块→切片→捞片。

①载网准备：超薄切片要放在载网上才能进行染色等操作，并最终放到电镜上观察。载网用无磁性金属材料做成，厚 50 μm，直径一般为 3 mm，一般用铜材料，所以又称铜网。铜网经过清洗，方可使用。清洗方法主要有超声波清洗法和酸碱清洗法。

②支持膜的准备：铜网的网孔很小，但对于放置超薄切片及其他样品来说，网孔还过大，不足以平坦地支持切片，因此要在铜网上覆一层透明的支持膜。

③切片刀准备：超薄切片刀有两种，一是金刚刀，二是玻璃刀。前者价格昂贵、质地坚硬、经久耐用；后者制作方便、价格低廉，但刀刃较脆，不耐用，不能切硬质材料。制刀用玻璃为硬质玻璃，含硅量 72％以上。

④修整包埋块：用样品夹夹紧包埋块，放于显微镜下。先用单面刀片将包埋块修成金字塔形，顶面修成大约 1 mm² 的长方形或梯形。要求组织周围不留有空白的包埋介质，包埋顶端以刚露出组织为宜。再用锋利的双面刀片细修顶面，使长方形或梯形的上下两边保持平行，有利于得到连续的超薄切片。

⑤切片：用超薄切片机切出 50 nm 左右厚的超薄切片，以供观察。

⑥展片与捞片：切下的超薄切片漂浮在刀槽液面上，需要将它捞于铜网上，才能染色和电镜观察。由于切片很薄，在切片过程中易皱褶，使样品结构重叠，因此在捞片前需进行展片。捞片后，用滤纸吸去多余水分，将铜网放入样品盒，置于干燥器中保存，待染色。

6. 切片染色（电子染色）　电子染色是使铀、铅、锇、钨等重金属盐类中的重金属与组织中某些成分结合或被吸附，以此达到染色目的。经过电子染色处理可以提高样品的反差，增加图像的清晰度。常用的电子染色剂有醋酸铀和铅盐。常用的染色方法是双染色法，即先用醋酸铀染色，再用柠檬酸铅染色。室温下染色时间为 15～20 min。

7. 电镜观察　染色完成的样品立即上机观察，如受时间限制，样品应放置于干燥器中防受潮。

第五章　植物标本的制作

一、腊叶标本的制作

一份植物标本来之不易，对已采集的植物必须经过精心地制作，才能变成在教学、生产和科研中使用的标本，发挥其应有的价值。

1. 标本制作用具和消毒药剂　草纸，台纸，小剪刀，针线，胶水，采集记录标签，定名标签，升汞，70％酒精，二硫化碳等。

2. 制作方法

（1）压制。采集的标本必须就地用标本夹压制；确因时间等关系，而不能就地压制的标本，带回室内于当天进行压制。

压制前应进行初步整理，每种植物分别放好。每份标本的长和宽以 38 cm×25 cm 为宜。若根系粗大，可用刀切成两半；若枝叶过密，可适当剪去部分叶片，留下一段叶柄，但注意不要把枝叶前端部分剪去。除去标本上的泥土、灰尘和其他杂物。较大的标本可折叠成 V、N 或 W 形。太大的标本可截成几段，系相同号牌，并注明 a、b、c 等。

在压制标本时，首先将一块标本夹作为底板放平，用 4～5 张草纸作底，将采集后经初步整理的标本放在纸上，使其自然展开，注意保持其自然状态，并将其中一部分叶片翻成背面，在标本上盖上 3～4 层草纸。若是多肉质而不易于压干的标本，可先用开水烫 2 min 或放入福尔马林溶液中浸泡片刻，将植物细胞和微生物杀死后再压制，并多盖几张草纸。边压制边填写采集记录本。按上述方法，一个接一个的压制，压制到适当厚度，盖上另一块标本夹，然后用绳捆好，放在阴凉干燥处。不同编号的标本，不能放在同一张草纸上。

（2）换纸。为了防止标本发霉和褪色，应勤换草纸，换下来的草纸必须晒干或烤干，以备下一次换用。对刚压制的标本由于水分多，必须每天换一次，过 3～4 d 后，可 2 d 换一次，直至标本完全干燥为止。为了使标本尽快干燥，在第三四天换纸时，应挑出多肉肥厚的标本单独压制，或者事先用沸水或酒精处理后再进行压制。一般标本 5～7 d 即可压干。为使标本尽快干燥，也可用烘箱烘干。

（3）整形。在头两次换纸时，小心地将标本重叠的或折叠的部分展平，同时使标本保持原来的自然状态，每份标本必须展示叶子的正面和反面，以便鉴定时进行观察。在翻压和整形的过程中，若其他部分脱落，必须收集起来，标明同一号鉴，绝对不能轻易弃之。

（4）消毒。为了防止害虫蛀食标本，必须对标本进行消毒，杀死虫卵和害虫。可用 70% 酒精配制 0.4% 升汞溶液（取升汞 4 g，溶解于 1 000 mL 70% 酒精中），盛入大型平底瓷盘内，将整个标本浸泡 10 min，取出后夹入吸水纸内。或用二硫化碳药剂熏蒸消毒。

（5）上台纸。白色硬纸称为台纸，大小为长 40 cm、宽 27 cm，以质密、坚硬、白色为宜，每张台纸上只能固定一份标本。装订前，标本需进行最后一次整形，将太长或过多的枝、叶及花、果疏掉。然后将标本放在台纸适当的位置上。台纸的左上角和右下角必须留有空处，以粘贴野外记录和定名标签。接着，用针线和胶水将标本固定在台纸上。一般情况下，枝条和较粗的主脉用针线固定，叶片和花瓣用胶水粘贴。最后粘贴采集记录标签于左上角。

（6）鉴定。对已上好台纸的标本，进行最后一次准确的鉴定，在定名标签上写好中文名、学名、科名等，粘贴于右下角。

（7）保存。凡经上台纸和装入纸袋或特制资料袋的植物标本，经过正式鉴定定名后，一定要放进标本柜中保存。

二、浸制标本的制作

被子植物的根、茎、叶、花、果实都可以制成浸制标本，甚至整株植物（大小适度）也可制成浸制标本。花、果和幼嫩、微小、多肉的植物，压制成腊叶标本，易变色、变形，不易观察，制成浸制标本，可保持原色、原形。

1. 浸制标本的类型　由于目的和要求不同，则浸制标本的处理方法也不相同，常见有以下几种。

（1）整体浸制标本。将整株植物按原来的形态浸泡在保存液中。这类标本的大小要适度，过大则无法浸泡。

（2）解剖浸制标本。将植物的某一器官加以解剖，以显露出主要观察部位，浸泡在保存液中。

（3）个体发育浸制标本。将植物个体发育主要阶段的材料，如某种植物生活史各个环节的材料，浸泡在保存液中。

（4）比较浸制标本。将植物相同器官但不同类型的材料放在一起，浸泡在保存液中。

2. 浸制标本的制作方法　由于浸制的材料不同，所以浸制标本制作时，浸制保存液是不同的。现介绍几种常见的浸制保存液的配制方法。

（1）一般浸制标本保存液。若是用于普通实验的材料，可用以下保存液：4％甲醛水溶液、70％酒精水溶液、FAA 固定液（配方见附录一）。以上保存液只能用于防腐，而不能保持原色。

（2）原色保存液。

①绿色果实：

a. 硫酸铜饱和水溶液　　　　　　　　　　　　700 mL

福尔马林（38％甲醛水溶液）　　　　　　　　　50 mL

蒸馏水　　　　　　　　　　　　　　　　　　250 mL

以上 3 液混合，将绿色标本浸入该混合液中 8～14 d 后取出，用水洗净，再浸入 4％～5％甲醛水溶液中保存。

b. 亚硫酸　　　　　　　　　　　　　　　　　100 mL

75％酒精　　　　　　　　　　　　　　　　　100 mL

蒸馏水　　　　　　　　　　　　　　　　　　800 mL

以上 3 液混合备用。先将标本放入 1％硫酸铜水溶液中浸泡 24～48 h，取出用水洗净，再放入以上混合液中保存。

②黄色果实：

6％亚硫酸　　　　　　　　　　　　　　　　　268 mL

80％～90％酒精　　　　　　　　　　　　　　568 mL

蒸馏水　　　　　　　　　　　　　　　　　　450 mL

以上 3 液混合后即可使用。

③红色果实：

硼酸　　　　　　　　　　　　　　　　　　　　45 g

75％～90％酒精　　　　　　　　　　　　　　200 mL

福尔马林　　　　　　　　　　　　　　　　　　30 mL

蒸馏水　　　　　　　　　　　　　　　　　　400 mL

取硼酸粉末溶于蒸馏水中，然后加入酒精和福尔马林，混合澄清，用澄清液保存标本。如保存粉红色标本时，须将福尔马林减少至微量或不加。

④黑色、紫色果实：

a. 福尔马林	45 mL
95％酒精	280 mL
蒸馏水	2 000 mL

以上 3 液混合，沉淀过滤，用滤液保存标本。

b. 福尔马林	50 mL
饱和氯化钠水溶液	100 mL
蒸馏水	870 mL

以上 3 液混合，沉淀过滤，用滤液保存标本。

⑤白色、浅绿色果实：

氯化锌	22.5 g
80％～90％酒精	90 mL
蒸馏水	680 mL

将氯化锌放入水中搅拌，待全部溶解后加入酒精澄清，用澄清液保存标本。

保存液配好后，将标本放入浸泡，加盖后用熔化的石蜡将瓶口密封，贴上标签（注明标本的科名、学名、中文名、采集地点、采集时间和制作时间等），放在阴凉处妥善保存。

第六章　植物工艺品的制作

一、叶脉书签的制作

（一）叶脉书签的制作原理

植物的叶片一般来讲包含表皮、叶肉和叶脉 3 个部分，叶脉书签就是除去表皮和叶肉组织，而只剩下叶脉制作而成。书签上可以看到中间一条较粗壮的叶脉称主脉，在主脉上分出许多较小的分枝称侧脉，侧脉上又分出更细小的分枝称细脉。这样一分再分，最后把整个叶脉系统联成网状结构。把这种网状叶脉染成各种颜色，略加装饰，即成漂亮的叶脉书签。

（二）实验材料与用具

桂花叶、玉兰叶等，10％氢氧化钠溶液，玻璃棒，镊子，500 mL 烧杯，搪瓷托盘，酒精灯，铁架台，牙刷，双氧水，红、蓝墨水，过塑膜，过塑机，流苏，打孔器等。

（三）实验内容与步骤

选择叶脉粗壮而密且无病虫害的桂花叶。在叶片充分成熟并开始老化的夏末或秋季选叶制作。

用 10％氢氧化钠溶液煮叶片。在通风橱中，在烧杯中放入碱液和洗净的叶片适量，煮沸，用玻璃棒或镊子轻轻翻动，防止叶片叠压，使其均匀受热。

煮沸 15 min 左右，待叶子变黄绿色后，捞取一片叶子，放入盛有清水的塑料盆中，小心翼翼地用清水洗净。注意：该操作取放叶子时一定不要用手直接取放，防止氢氧化钠腐蚀手面。要用镊子或夹子取放。

将叶片上残留碱液漂洗干净后取出，把叶片平铺在一块玻璃上，用牙刷轻轻顺着叶脉的方向刷掉叶片两面已烂的叶肉，一边刷一边用小流量的自来水冲洗，直到只留下叶脉。

将叶脉放入双氧水中浸泡 5 h，以达到漂白效果。

刷净的叶脉片，漂洗后夹在旧书或旧报纸中，吸干水分后取出。

干燥后用红或蓝墨水染色，再晾干叶脉。

把染色后的干叶脉放入过塑膜中，用过塑机过塑，打上孔，系上流苏。

二、干花的制作

（一）干花的制作原理

干花，即利用干燥剂等使鲜花迅速脱水而制成的花。这种花可以较长时间保持鲜花原有的色泽和形态。干花主要分为两大类：一类为立体干花，即将自然植物材料进行保色、定型干燥等人工处理后而形成的植物制品。另一类为压花，即将植物材料进行压制、保色、定型和干燥处理而形成的植物制品。

（二）实验材料与用具

微波炉，标本夹，吸水纸，镊子，剪刀，干燥箱，塑料盒，小号棕毛刷，鲜花干燥剂（变色硅胶、石英砂），各种花卉材料等。

（三）实验内容与步骤

花材一般在上午 7～10 点采集为好。采后应立即处理，放入水中吸水，或存放在阴凉处，以保持花材的新鲜状态。

用来制作贺卡、贺镜的干花，可以采用压花的技法，方法基本与植物腊叶标本制作的方法相同。立体干花可以根据植物材料的不同采用不同的方法，可以通过设计对比实验比较干燥效果。

（1）自然风干法。这种烘干方式适用于能自然风干的花类，对花的要求较高，一般以花含水量少为宜。把花材扎成小束花或单支倒挂在通风透光，阳光不能直射的地方，使其自然干燥，可用花材有百日菊、雏菊、麦秆菊、金盏花、月季、勿忘我、水晶草、情人草等。

（2）干燥剂干燥法。特点是时间短，能够很好地保持花型、花色。月季、康乃馨、洋桔梗、菊花等可以采用这种方法。

①干燥时，先将花枝剪短，底部留 2～4 cm。

②向容器内倒入 5 cm 厚的鲜花干燥剂，用手在中间做一"井"字形洞，把花头朝上小心放入洞中，将鲜花干燥剂向花的底部归拢，使硅胶托住花瓣。

③用杯子装满鲜花干燥剂，慢慢将干燥剂倒进容器，让干燥剂把花朵埋藏起来。倒胶时要小心缓缓加入，使花瓣不要受到大的冲击力而改变自然形态。

也可将装好花材的盒子放入微波炉中，大花设置中低火 5～7 min，小花设置低火 4～6 min。可以根据不同的花材多次试验干燥时间。

④干燥 2～3 d 后开盒检查，如花瓣像干纸一样，即表明已经干燥好，否则需要延长干燥时间。干燥时间不可过久，以免花瓣干燥过度而易破碎。

⑤干燥好的花取出后用小号棕毛刷将花瓣上残留的硅胶颗粒刷掉。

可以把几朵花放在一个容器内进行干燥，但花之间不要接触。用过的干燥剂可以烘干后重新使用。干燥好的花材组合造景后，可以使用封闭的透明塑料容器存放或展示。

第 三 篇
植物学实习

第一章　植物学实习基础知识

一、如何描述植物

目前，被子植物的分类及其鉴定仍以花的形态特征为主要依据，因而必须对多种多样的植物的花认真地进行内部和外部观察，然后运用已学过的形态术语加以描述。描述植物的具体步骤如下：

首先，要对所描述的植物进行认真细致的观察。如描述草本植物，应从根开始，看它是属于直根系还是须根系，有无地下茎等，然后是茎、叶。对花的基本构造更要细心地解剖观察。在观察花时，首先将花柄向上举，观察萼片结合与否，花萼裂片的数目、形状及附属物等。再观察花瓣结合与否，花冠类型、颜色、裂片数目及排列方式，剖开或除去花冠，置于体视显微镜下，观察雄蕊，注意雄蕊的数目、排列方式、结合与否及其长短，并注意花药着生和开裂的方式等。最后观察其雌蕊，先观察子房的位置，心皮的数目、心皮结合与否，然后横剖子房，观察胎座的类型，子房室数，以及胚珠的数目等。

然后，运用科学的形态术语，按根、茎、叶、花序、花的结构、果实、种子、花果期、产地、生境、分布、用途等顺序进行具体的文字描述。在描述的过程中要注意标点符号的应用。通常以"、""，""；"或"。"将描述植物的各部内容分开，以表示前后的关系。为了便于掌握，现举例说明描述的顺序和方法。

甜菜 *Beta vulgaris* L.

二年生草本，根圆锥状或纺锤状，多汁，茎直立，有分枝，具条棱及色条。基生叶长圆形，长 20～30 cm，宽 10～15 cm，上面皱缩不平，略有光泽，下面有粗壮凸出的叶脉，全缘或略成波状，先端钝，基部楔形、截形或略成心形；叶柄粗壮，下面凸，上面平或具槽；茎生叶互生，较小，卵形或披针长圆形，先端渐尖，基部渐狭入短柄。花 2～3 朵团集，果时花被基部彼此结合，花被裂片条形或狭长圆形，果时变为革质并向内拱曲。胞果下部陷在硬化的花被片内，下部稍肉质；种子双凸镜形，直径 2～3 mm，红褐色，具光泽；胚环形，苍白色，外胚乳白色。花期 5～6 月，果期 7～8 月。本种广为栽培，变异很大，品种甚多。叶可作蔬菜，肥大的肉质根为我国北部地区主要的制糖原料。

二、怎样利用检索表鉴定植物？

随着全国植物志和地方志的陆续出版，为我们在鉴别植物种类时提供了很大的方便。检索表包括的范围各有不同，有全国植物检索表、地方植物检索表，也有观赏植物或冬态植物检索表等，在使用时，应根据不同的需要，利用不同的检索表。绝不能在鉴定木本植物时用草本植物检索表去查。最好是根据要鉴定植物的产地确定检索表。如果要鉴定的植物是从北京地区采来的，那么，利用《北京植物检索表》或《北京植物志》，就可以帮助解决问题。

鉴定植物的关键，是懂得用科学的形态术语来描述植物的特征。特别对花的各部分构造，要进行认真细致的解剖观察，如子房的位置、心皮和胚珠的数目等，都要搞清楚，一旦描述错了，就会错上加错，即使鉴定出来，结果肯定也是错误的。现举例说明如下：白菜为二年生草本。单叶互生；基生叶的叶柄具有叶片下延的翅。总状花序，花黄色；萼片 4；花瓣 4；成十字形花冠；雄蕊 6，成四强雄蕊（4 长 2 短）；雌蕊由 2 个合生心皮组成，子房上位；长角果具喙，成熟时裂成两瓣，中间具假隔膜，内含有多数种子。根据这些特征就可以利用检索表从头按次序逐项往下查：首先要鉴定出该植物所属的科，再用该科的分属检索表，查出它所属的属，最后利用该属的分种检索表，查出它所属的种。根据上述特征，我们利用《中国植物志》中被子植物分科检索表、十字花科分属检索表和芸薹属分种检索表鉴定的结果，证明该植物是属于十字花科 Cruciferae 芸薹属 *Brassica* L. 的白菜 *Brassica pekinensis* Rupr. 。

三、植物的拉丁学名

我国幅员广大，土地辽阔，植物资源极为丰富，高等植物有 3 万种以上。不同地区对同一种植物可以有几个名字，即同物异名；有时不同的植物却有相同的名称，即同名异物。如马铃薯 *Solanum tuberosum* L.，南京称洋山芋，北京称土豆，内蒙古称山药蛋；白头翁 *Pulsatilla chinensis*（Bunge.）Regel，经调查发现以同名出售的白头翁，实际上分别属于 4 科 12 属 16 种，因此在学术交流上带来极大的不便。为了促使全世界的植物名称的统一和稳定，瑞典植物分类学家林奈（ Linnaeus，1707—1778）创制了双名法。从 1866 年开始，世界各国植物学家多次召开会议，制定了《国际植物命名法规》（*International Code of Botanical Nomenclature*，ICBN ），作为世界各国植物学者对植物命名的准则。

1. 植物拉丁学名的基本组成 一个完整的学名应包括属名、种加词和定名人，如银杏：

Ginkgo　　　*biloba*　　　L.

属名　　　　种加词　　　定名人（为林奈的缩写）

（1）属名第一个字母一定要大写。属名是拉丁文的名词或系形容词作名词用，要求用单数、第一格，而且有阴、阳、中三性，如 *Gossypium*（中性）棉属，*Amaranthus*（阳性）苋属，*Zea*（阴性）玉米属。

（2）种加词一律小写。在较老的书中，常可见到种加词是人名的第一个字母用大写，如白皮松 *Pinus Bungeana*，这是纪念俄国人 Bunge 的，现在也应写成 *Pinus bungeana* Zucc.。种加词可以是名词或形容词，以形容词作种加词，要与属名的性、数、格一致。如：

Solanum　　　*nigrum*　　　L.　　　龙葵

（中性）　　（中性）

Amaranthus albus　　　L.　　　白苋

（阳性）　　（阳性）

如果用名词作种加词，一般用单数第一格，作为属名的定语。如：*Daucus carota* L. 胡萝卜（carota 为单数第一格）。

也有少数名词用第二格作属名的定语。如 *Saccharum officinarum* L. 甘蔗。

2. 命名人名及其缩写规定 命名人第一个字母要大写，一般均应缩写。如 Linnaeus 可缩写成 L.，Robert Brown 可写成 R. Br.。根据 1979 年《中国植物志》编委会的新规定，我国的命名人一律用汉语拼音名，但过去已沿用的命名人，不再改动。

3. 植物拉丁学名中的几个为什么

（1）为什么白头翁 *Pulsatilla chinensis*（Bunge.）Regel 的学名中，除了 Regel 的定名人外，还在括号内写上 Bunge. ?

这是因为在 1832 年，Bunge. 把这种植物放在银莲花属 *Anemone* L. 中，即为 *Anemone chinensis* Bunge.。到 1861 年，经 Regel 的研究，根据植物的特征，他认为把它放在银莲花属是不恰当的，于是进行了重新组合，放在了白头

翁属 *Pulsatilla* 中。在重新组合时，按国际命名法规的规定，转属时种加词不能变，同时要把原来的定名人放在括号内，以便后人进一步考证。

（2）什么是异名？

植物的科、属、种都只能保留一个正确的名字，称为正名。由于种种原因，往往一种植物有好几个不同的学名，出现这种情况时，就要根据命名法规的规定，保留一个最早而又符合法规规定的学名，其他学名均为异名。如毛白杨：

Populus tomentosa Carr.，1867 年发表；

Populus pekinensis Henry.，1903 年发表；

Populus glabrata Dode.，1905 年发表。

以上 3 个学名都是正式发表的，但经后人研究，认为这 3 个学名实际是同一植物。根据优先律来确定，正名应是 *Populus tomentosa* Carr.，其他两个学名均作为毛白杨的异名处理。

（3）如果在一个植物的拉丁学名的后面，有两个定名人时，为什么有时用"et."有时用"ex."？二者有什么区别？

"et."是"和"的意思，是平行等同的关系，即为两个作者共同研究而定名的。如花烟草 *Nicotiana alata* Link. et. Otto。"ex."是"从"的意思，或"根据"的意思，虽然也有两个人定名，但和用"et."是不同的，"ex."意思是前一个虽已定名，但未正式发表，后一个人经过研究，同意前人定的名字，于是他作了正式的发表，这时两个作者之间就应用"ex."。实际上后一个作者更重要，故在写定名人时，也可仅写后一个，而不写前一个，当然两个作者都写更好。如打碗花 *Calystegia hederacea* Wall. ex. Roxb.。

（4）在文献资料中，在植物拉丁学名的后面或中间，常有下列缩写字，它们分别是什么意思？var.；f.；ssp.（或 subsp.）；sp. nov.；var. nov.；f. nov.；ssp. nov.；gen. nov. 等。

var. 是 varietas 的缩写，是"变种"的意思。如白丁香 *Syringa oblata* Lindl. var. *alba* Rehd.，也就是说白丁香是紫丁香的变种。

f. 是 forma 的缩写，是"变型"的意思。如重瓣樱桃 *Prunus serrulata* Lindl. f. *roseo* Plena Hort。

ssp. 是 subspecies（subsp.）的缩写，是"亚种"的意思。如鹿蹄草 *Pyrola rotundifolia* L. ssp. *chinensis*. Anders。

sp. nov. 是 species nova 的缩写，是"新种"的意思；var. nov. 是 varietas nova 的缩写，是"新变种"的意思；f. nov. 是 forma nova 的缩写，是"新变型"的意思；gen. nov. 是 genus nova 的缩写，是"新属"的意思；

ssp. nov. 是 subspecies nova 的缩写，是"新亚种"的意思。以上都是指各级发表的新类群。

四、野生植物资源的分类、识别和简易鉴定

植物界对于人类生活起着极其重要的作用。我国地大物博，在广大山区中蕴藏着丰富的野生植物资源。对野生植物资源进行分类、识别不仅可以广泛利用野生植物资源，而且也是有效保护野生植物资源的基础。

(一) 野生植物资源的分类和用途

我国可利用的野生植物资源的种类很多，大致可分为以下七类。

1. 野生油脂植物 根据油脂的性质可分为非挥发性油脂植物和挥发性油脂植物。

(1) 非挥发性油脂植物。一般是用其果实、种子来榨油，如麻风树、黄连木、油茶、油桐、苍耳、油松、臭椿、榛子等。它们的种子或果实含油量较高，一般可达 40%，有的可达 60%以上。如南方红豆杉种子含油量可达 67%，此油可用于油漆、制肥皂以及机器润滑油等，油渣是很好的肥料。

(2) 挥发性油脂植物（芳香油植物）。如山苍子、香茅、依兰香、八角、花椒等，出油率较低。此类挥发性油具强烈的芳香味，可用于香料工业和食品工业。

2. 野生纤维植物 植物的纤维大部分是从植物的韧皮部中提取出来的。按植物纤维存在于植物中的部位不同，可分成种子纤维（如棉花等）、韧皮纤维（如大麻、黄麻、桑等）、叶纤维和茎秆纤维（如剑麻的叶、禾本科草类植物的茎等）、果实纤维（如椰子等）及木材纤维（如各种木本植物）。野生纤维的用途是相当广的，不但可以用来造纸，而且可制成人造羊毛等，也可制成各种建筑材料，如纤维板、通风管、地板等，价格低廉，质量好，可以代替木材和钢材。

3. 野生淀粉植物 淀粉普遍存在于植物的种子、果实和根、茎中。如某些蕨类植物的地下茎，含淀粉 40%左右。被子植物中的山毛榉科、百合科、薯蓣科、禾本科、豆科、蓼科等科中，含淀粉的植物不仅种类多，而且含淀粉的量也高，如栎属的果实（橡子）含淀粉平均在 50%以上，此外如葛根、木薯粉等，具有独特的黏性，可用于涂料和糊糊等。

4. 野生鞣质植物 鞣质是很复杂的有机物，存在于植物的根、茎、叶和果实中，可提炼加工成栲胶。在根和茎中，鞣质主要在皮层里，木材中有的也含有鞣质，但在花中很少见到。我国主要的木本鞣质植物有山毛榉科的各种植物，如栓皮栎的壳斗，含鞣质 27.41%，纯度达 65.37%。草本植物中已发现的鞣质植物也不少，如蓼科植物酸模的根中，含鞣质 19%～

27.5％。栲胶主要用于鞣皮，使皮革坚韧，透气而不透水，不易腐烂，其次用于鞣染渔网，还可以用作软水剂。此外，在石油工业、化学工业和医药上也常需要栲胶。

5. 野生橡胶植物　依据天然橡胶的性质，可以把橡胶分为两种，即弹性胶和硬橡胶。弹性胶通常存在于植物的乳汁中，如三叶胶（巴西橡胶树）是植物韧皮部中乳汁管的产物。硬橡胶（也称杜仲胶）存在于薄壁组织中特殊的橡胶细胞中。橡胶在工业、农业、交通运输、国防以及人民生活和医药方面都有极为重要的意义，不仅用于制作汽车轮胎、胶鞋、雨衣等日用橡胶制品，而且在其他各方面也有极多的用途。

6. 植物碱和药用植物　植物碱是大部分药用植物的有效成分，它常根据种类或医疗效能或化学结构进行分类。常见的有麻黄碱类、黄连碱类、咖啡碱（因）类等。这些植物碱都是重要的药物，同时也是各种药用植物和植物农药的有效成分。

7. 树脂植物　树脂是许多植物正常生长时所分泌的一类产物。如松科的很多植物，特别是松属的植物，都具树脂道分泌含挥发油的树脂。把挥发油蒸馏出来的就是松节油，剩下质脆而透明的固体就是松脂，或称松香。松节油和松香在工业、医药上都是重要的原料。

（二）野生植物资源的识别和简易鉴定

1. 野生油脂植物的识别及鉴定　识别油脂植物最简单的方法，是将叶对光透视，如发现叶面或边缘有许多透明小点，即证明叶中具有油细胞，从而就可初步确定是油脂植物，如花椒。另外还可以把叶或植物体其他部位撕破，如嗅到愉快的芳香味或不愉快的气味，便可初步确定为油脂植物，如樟科、唇形科、芸香科、菊科等科中有许多植物就具有这种气味。

如采到果实和种子，可取核仁或种子，把它夹在白色的吸水纸之间，用力压碎，如含油，油迹就会渗透纸层，待纸晒干或烘干，纸上的水分虽然失去，但渗入纸层的油迹却呈现出来。也可切开种子，擦上碘酒，若马上就变成蓝黑色，则证明不含油；若不变色，则证明含油。或将捣碎的种子投入热水中，由于油的密度比水小，若见水面有油点浮现时也可证明含油。

2. 野生纤维植物的识别和鉴定　在野外工作的条件下，主要依靠器官的感觉方法和显微观察方法（理想状态下）来识别和鉴定植物。器官感觉的方法是采集植物的茎、叶或剥取树皮，用手试其拉力、扭力和揉搓情况，以及观察剥取下来的纤维的长短、粗细与数量的多少，来确定这种纤维是否可用。显微观察比较复杂，需将剥取的部分制成横切片，在显微镜下观察纤维束的形状、大小、排列方式，并用测微尺测定其纤维的宽度、长度、壁的厚度和单位面积的数量。调查纤维植物时还要选用不同的生境、年龄、部位的材料，分别进行对比实验观察，这样才能得到比较全面的资料，便于确定利用的规格。

3. 野生淀粉植物的识别和鉴定　如发现植物有较大的地下茎或果实，可用刀把这些器官切开，用手指摸一下，手指上有白色粉末，则证明该植物很可能含有淀粉。最可靠而又简便的方法，是把待试的植物器官切成薄片，放在载玻片上，加 I_2-KI 溶液，如变成蓝色或蓝黑色，就可证明含有淀粉，若用放大镜观察，还可见到有蓝黑色的颗粒（淀粉粒）。

4. 野生鞣质植物的识别和鉴定　鞣质（单宁）是很复杂的有机化合物，因而不可能通过简单的测定就决定鞣质材料有无利用价值。测定是否含有鞣质最简单的方法，是用铁制小刀（不能用不锈钢小刀）切开植物体时，若在切面上和刀口出现蓝黑色反应，则证明该种植物含鞣质。此外，通过味觉尝试和肉眼观察，也可帮助判断有无鞣质的存在。由于鞣质是一种收敛性非结晶物质，能溶于水，用舌头尝试时有很大的涩味，像没有熟透的柿子一样，但也要注意有毒植物绝不能用舌头尝试。为了比较准确地判断，在野外一些化学试剂的测定也是必要的。最简便的方法是将 10%FeCl$_3$ 水溶液滴在植物的切片上，若切片很快变为蓝黑色，即证明有鞣质存在。

5. 野生橡胶植物的识别和鉴定　根据橡胶的性质有一些简易鉴定橡胶的方法。鉴定弹性胶时可以收集一些植物的乳汁，放在手心里，用手指研磨，利用手的温度使水分蒸发干，把残余物质放在拇指和食指间轻拉一下，如出现弹丝，即证明有弹性胶存在；如无弹丝而发黏，说明无弹性胶或含胶很少。鉴定硬橡胶时，撕断植物的枝、叶或树皮，如有细丝出现，一般可说明有硬橡胶存在。为了精确了解橡胶的含量和质量，还需要在研究室进一步分析。

6. 药用植物（植物碱）**的识别和鉴定**　植物碱是很复杂的有机物，提取和精制植物碱也是一个较复杂的过程。鉴定植物中有无植物碱的方法很多，一般是利用植物碱对沉淀试剂的反应，比较常用的沉淀剂有氯化汞和碘化铋。例如，氯化汞 1.35 g 和碘化钾 49 g，共溶于 1 000 mL 水中，此溶液和植物碱反应，发生淡黄色沉淀。或用碘化铋 16 g、碘化钾 30 g 和盐酸 3 mL，共溶于 1 000mL 的水中，此溶液和植物碱反应，发生红棕色沉淀。也可以用沉淀试剂制成试纸，用时更为方便。

7. 树脂植物的识别和鉴定　最简单的方法是折断或砍伤植物体茎干后，伤口流出无色或黄棕色的透明液体。当暴露在空气中，所含的挥发性物质挥发后，液体逐渐变黏而最后干燥，此物就是树脂。

第二章　植物的野外识别与标本采集

一、植物的野外识别

　　在野外实习中，要学会运用已学过的分类原理和方法去提高识别科、属、种的能力。如何在野外切实提高这种识别能力？下面介绍几种具体的途径和方法。

　　1. 根据各大类群的特征进行归类　　在野外看到未知的植物，首先要判断该植物所属的类群。这一点往往比较容易做到，只要熟练掌握各大类群的主要特征就不会弄错。如苔藓植物作为高等植物中最原始的类群，个体一般很小，多生于阴湿的环境，且体内无维管组织，没有花，也不会产生种子。根据这些典型特征，就不会将葫芦藓或地钱误认为是蕨类植物或小型被子植物。各大类群的主要特征以及被子植物中双子叶植物纲和单子叶植物纲的区别详见本教材的实验九和植物学教科书上的有关内容。

　　2. 利用检索表，根据科的特征进行鉴别　　在我国热带、亚热带和温带地区，野外所看到的植物绝大多数为被子植物。被子植物种类繁多，仅我国就有2 700多属，约3万种，如何识别被子植物是植物分类教学的重点和难点。就本科教学而言，在野外实习，对常见植物能识别到科是一项基本要求，所以对被子植物常见科的特征要非常熟悉。下面就野芝麻的识别过程加以详细说明。首先其叶片具有网状叶脉，地下部分为直根系，花部5基数，由此判断它属于双子叶植物纲。然后查看该地区双子叶植物纲分科检索表，根据其为草本、茎4棱形、单叶对生、花冠唇形等特征很容易查出其为唇形科植物。再继续查看唇形科分属检索表，根据其花部和果实等特征（花柱着生于子房底，小坚果彼此分离，子房无柄，雄蕊4，轮伞花序，多花腋生，叶缘有锯齿）可以知道它为野芝麻属。最后，查看野芝麻属的分种检索表，该属在我国只有3种，根据花冠的形状、颜色和叶缘的特征就可以确认其为野芝麻。

　　由于野外设备条件的限制，对于含属、种比较多的大科（这些科的分属检索表非常庞杂，涉及很多花和果实的微形态学特征，有时需要借助显微镜才能辨别），通常只要求学生能鉴定到科就可以了，因此要求学生对常见科的识别要点要熟练掌握（见附录三）。

　　3. 及时总结整理已经识别的植物　　认识植物种类，熟练掌握常见植物科的识别特征需要长期的训练和积累，绝不可急于求成。和记忆英文单词一样，对植物的形态特征、名称也要及时复习、总结和整理，植物的生境和特殊用途也可以帮助我们加深对它的印象。总结时可以就某一特征对常见科进行归类，如全科植物绝大多数为草本的有哪些，多为木本的有哪些，多为藤本的有哪些，叶多为对生的有哪些，多为羽状复叶的有哪些。在不断整理、归纳的过程中，一方面加深了对科的主要特征的认识，另一方面也可以提高在野外识别、鉴定植物的效率。

　　另外，对单种科、寡种科的特征要特别关注。这些科种类少，往往具有一些特殊的形态结构特征，只要掌握了这些特征，一般情况下就能迅速地识别出来，而且不易遗忘。如杜仲科的杜仲，它的雌雄异株、无花被、环状翅果、叶片和树皮含硬橡胶都是其典型特征。

二、植物标本的采集

（一）植物标本采集和制作的目的

　　自然界的植物种类繁多，已发现定名的有 50 万种，其中被子植物约有 30 万种，我国有 3 万多种。它们生活在各种不同的环境之中，同时也随着季节的变化而处在不断的发展与变化中。因此，我们研究它、认识它就受时间、地理环境和季节的限制。为了更好地认识、研究和利用植物为国民经济建设和改善人民生活水平服务，就必须将各种植物采集制作成标本，随时随地地学习和研究。同时，学生通过植物标本的采集与制作，可使学生得到植物学基础知识和腊叶标本采集与制作的基本技能，通过野外植物标本的采集，还可使学生饱览祖国的大好河山，激发其热爱祖国、建设祖国的热情，培养其吃苦耐劳的优良品质，自觉保护植物的多样性。

（二）植物标本及其类型

　　将整株植物或植物的一部分经过采集和适当的处理后，能长期保持其形态特征的即植物标本。

　　以处理所采集的植物标本的方法不同，可分为腊叶标本、浸制标本、风干标本和砂干标本等四种类型，常见的有两种类型。

　　1. 腊叶标本　腊叶标本是指经过采集、压制，让植物体完全干燥后，装订到台纸上的标本。

　　2. 浸制标本　浸制标本是指经过采集后，用药剂将植物浸泡在标本瓶中的标本。

（三）腊叶标本采集的准备工作

　　1. 有关资料的收集　在确定采集地点以后，再收集采集地区的气候资料、地质资料、地理资料、土壤资料、植物资料、水文资料、植物名录、植物志、植物检索表、植物调查报告、研究论文、地图（五万分之一）、遥感资料、航测照片和卫星照片等，并进行学习和研究。

　　2. 采集计划的制订　在进行野外植物标本采集时，首先要做周密的计划。采集计划包括采集目的、采集任务、主要内容、时间（去采集的时间和工作结束时间)、工作方法和步骤及采集路线，采集人员的组成和编组及业务培训，行政管理经费、食宿、交通、医疗等。还应了解工作地居住人员基本情况、当地人民群众的风俗习惯。

3. 采集标本的用具

(1) 大标本夹。用杂木制作的重型植物标本夹，将标本捆成捆时使用，因此必须牢固才好。

(2) 轻标本夹。采集人员随身携带的小标本夹，供当天采集标本压制之用，一定要轻便、牢固。

(3) 枝剪。有平枝剪和高枝剪两种，分别用于采集不同高度的枝条。

(4) 小镐头。用以挖掘植物地下部分，如根、茎、鳞茎、球茎等。

(5) 手锯。用手锯采集木材标本。

(6) 记录本。专供野外采集时作原始记录之用，每采集一种植物都要详细地填写一页 (表 3-2-1)。

表 3-2-1　野外采集记录样式

采集号		采集日期	
采集地			
地形	海拔		坡向
生境			
同生植物			
盖度			
性状：乔木　灌木　草本　藤本　攀援　缠绕　直立　匍匐　平卧			
开花期			
高度/cm (m)		胸径/cm	
形态	叶		
	花		
	果		
	根系		
	树皮		
俗名		中文名	
学名			
附记			
标本份数：			

（7）标签（号牌）。用硬纸做成，长 4 cm，宽 2 cm，一端穿孔，便于穿线用，采集标本时，编好采集号，系在植物标本上（图 3-2-1）。

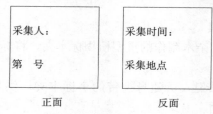

正面　　　　　　　　反面

图 3-2-1　标签（号牌）

（8）定名标签。经过正式鉴定后，用来定名的标签（图 3-2-2）。

_____标本室

中文名_____

学名_____

科名_____;号数_____

采集人_____;产地_____

鉴定人_____;日期_____

图 3-2-2　定名标签

（9）小纸袋。用以收集标本上散落下的花、果、种子和花粉。

（10）放大镜。观察标本的细微形态特征。

（11）GPS。位置坐标的准确定位。

（12）罗盘。用以观察方向、坡向和坡度。

（13）海拔仪。用以测量所采标本生长地点的海拔高度。

（14）照相机（带长焦、近距摄影镜头）。用以拍摄季相、群落特点和植物标本。

（15）望远镜。用以观察远处的植物或高大树木顶端的特征。

（16）卷尺。测量植物高度或胸高直径（简称胸径）。

（17）草纸。用以压制标本。

（18）采集袋。临时放置采集到的植物标本。

4. 生活用具　雨具、帽子、球鞋、牛仔衣裤、采集背包、水壶等。

（四）植物标本采集方法

1. 采集的时间和地点　不同种类的被子植物生长发育的时间不同，因此在不同季节和不同的时间去采集，才可得到各类不同时期的标本。根据要采的植物，决定外出采集的时间，错过了季节，有些种类就无法采到了。

采集的地点很重要，因为不同环境里，生长着不同的植物，如在高山、低山和平原生长的植物种类就不同。总之，随着海拔高度不同，植物的种类就不同；地理纬度不同，植物种类也不相同。因此，必须根据采集的目的和要求，去不同的地点，采集不同类群的标本。

2. 采集步骤　按预定目标，选择符合要求的单株，剪取具代表性枝条25～30 cm（以中部偏上枝条为宜），依次完成下列步骤：

（1）初步修整。如去掉部分枝、叶，留下分枝及一部分叶柄。

（2）挂上标签，标签必须系在标本的中间部位，以防脱落或损坏。填上采集号等（一律用铅笔，下同）。标准的采集标签应包括采集号、采集时间、采集者和采集地点。

（3）填写野外记录。注意与标签编号一致，标准的野外记录应包括采集号、采集时间、采集者、采集地点、海拔高度、树高、胸径、树皮、树枝、叶、花、果、习性、生态环境、用途、俗名、正名、学名、科名、附记等。当然实际操作也未必要填这么多，可以根据情况酌情填写。

（4）暂放塑料采集袋中，待到一定量时，集中压于标本夹中。

（5）采集时应注意同株采 3～5 份，用相同的采集号标记。如有的植物需要开花结果后再采，应记下所选单株坐标方位，留以标记。同种不同地点的植物应另行编号。散落物（叶、种子、苞片等）装另备小纸袋中，并与所属枝条同号记载，影像记录与枝条所属单株同号记载。有些不便压在标本夹中的肉质叶、大型果、树皮等可另放，但注意均应挂标签，编号与枝条的相同。

3. 植物标本的采集方法

（1）每种被子植物标本必须具备茎、叶、花、果和种子。蕨类植物要有孢子囊群，苔藓植物要有孢蒴。

（2）具有地下茎的植物或具有地下块根的植物，必须采集这些地下部分。

（3）雌、雄异株植物，应分别采集雌株和雄株。

（4）草本植物应采集全株，高大者可分上、中、下三段采集，编写同一采集号。

（5）对乔木、灌木或高大草本植物，采集能代表该植物一般情况的一部分。最好拍一张照片，以示全形。

（6）采集水生植物时，可用一块（应略小于标本夹）硬纸板从水中将植株慢慢托出水面，待水滴干后连同硬纸板一起压入标本夹，以保持水生植物原有的形态特征。

（7）有些植物，一年生新枝上的叶形和老枝上的叶形不同，或新生叶有毛或叶背具白粉，而老枝则无，此时，老叶和新叶都要采。对一些先花后叶的植物，采花枝后，待出叶时，应在同株上采其带叶和果的标本。

（8）寄生植物应连同寄主一同采集，应将标签挂在寄生植物上，或注明寄生植物和寄主植物，以防混淆。

（9）认真填写野外采集记录。采集标本时，必须当时就地认真做好野外记录，不能事后追记，更不能不记。这种野外记录乃是最珍贵的第一手资料，在鉴定标本时可作为重要的依据，帮助植物标本的鉴定。

（10）关于调查访问工作。在野外记录表中，如植物的土名、用途等项目，是采集者在当地通过访问居民而获得的。

4. 采集标本时应注意的几点

（1）标本的完整性。所采集到的标本，必须具有营养器官和生殖器官，即根、茎、叶、花、果实、种子。

（2）标本的完好性。所采集的标本，必须是完好的，而无病害、无虫害、无变形。

（3）标本的典型性。所采集的标本，必须是同种植物中最有代表性的植株。

（4）标本的数量。每株植物标本，要采 3～5 份，以供鉴定、存放、交换等用。

（5）标本的毒性。注意有毒性、易过敏种类，如蝎子草、漆树等。大戟科、毛茛科等都是有名的含有毒植物比较多的科。在野外不能乱尝试没吃过的植物。

（6）保护珍稀植物。注意爱护植物资源，尤其是稀有种类。

第三章　植物群落的调查

一、目的和意义

植物群落是指生活在一定区域内所有植物的集合，它是每个植物个体通过互惠、竞争等相互作用而形成的一个巧妙组合，是适应其共同生存环境的结果。在人类文明进步的历史进程中，植物群落提供了人类赖以生存的主要物质资源，具有不可替代性。

通过本实习，学生需了解植物群落调查中样地选择和样方设置的一般原则，掌握群落各种数量特征测定的标准方法，加深对群落基本特征的理解，并学会对数据的统计与分析方法，以最终达到识别群落的目的。

二、仪器与设备

样方框、卷尺、野外调查表格、数码相机、海拔仪、GPS、坡度仪、

HOBO 温湿度自动记录仪、测高器、金属号牌、铁锹、剪刀、烘箱等。

三、方法与步骤

(一) 植物群落调查样地的设置原则

在全国范围内进行全面系统的植物群落清查具有重要的科学价值，将为回答诸多迫切的现实问题提供不可或缺的基础数据。鉴于我国至今仍没有进行过一次全面和系统的植物群落清查的现状，本实习中的植物群落调查的样地设置原则、调查方法和程序规范拟完全按照植物群落清查的具体要求（方精云等，2009）。

实习中样地的选择可以是在系统布点的基础上全面调查中的一个样地（代表某一自然群落类型），也可以是重点精查中的一个样地（为研究区内地带性、特有、稀有、濒危以及有特殊用途和重要经济价值的群落）。

(二) 森林植物群落调查

森林植物群落调查样方的面积为 20 m×30 m（重点精查的群落调查样方的面积为 20 m×50 m），每个样地设置 3～5 个重复样方。样方调查内容主要包括群落调查以及部分样方的环境因子和重要物种生态属性的测定。在群落调查时，除一般的测定项目外，还要在现场手绘植物群落剖面图，以反映群落的空间结构和种间关系等群落特征。森林植物群落调查中观测记录包括乔木层、灌木层、草本层和层间植物。各层次的具体调查内容如下：

①乔木层：记录样方内出现的全部乔木种，测量所有胸径≥3 cm 的植株胸径和高度，记录其存活状态。

②灌木层：记录样方内出现的全部灌木种。选择面积为 10 m×10 m 的两个对角小样方进行调查，对其中的全部灌木分种计数，并测量基径和高度。

③草本层：记录样方内出现的全部草本种类。测量和记录样方四角和中心点上共 5 个 1 m×1 m 的草本层小样方中，每种草本植物的多度和盖度。

④层间植物：记录出现的全部寄生植物、附生植物和攀援植物种类，并估计其多度和盖度。

具体的调查步骤和技术规范如下：

1. 样方地点的选择 选择适当的地点是样方调查的关键，在样方选择时应注意：①群落内部的物种组成、群落结构和生境相对均匀；②群落面积足够，使样方四周能够有 10～20 m 的缓冲区（图 3-3-1）；③除依赖于特定生境的群落外，一般选择平（台）地或缓坡上相对均一的坡面，避免坡顶、沟谷或复杂地形。

2. 样方设置

（1）样方面积 600 m² （重点精查群落为 1 000 m²），一般为 20 m×30 m （20 m×50 m）的长方形。如实际情况不允许，也可设置为其他形状，但必须由 6（10）个 10 m×10 m 的小样方组成。这种 10 m×10 m 的小样方可称为样格。一般来说，样方面积有大有小，但一个样格的面积是固定不变的，特指 10 m×10 m 的小样方。

（2）以罗盘仪确定样方的四边，闭合误差应在 0.5 m 以内。以测绳或塑料绳将样方划分为 10 m×10 m 的样格（图 3-3-1）。

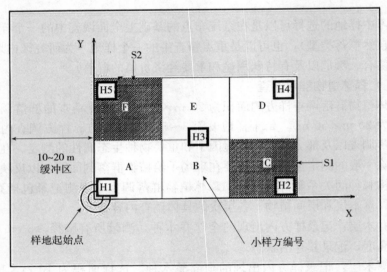

图 3-3-1　森林植物群落样方设置和样格编号方法

[样方面积 20 m×30 m，由 6 个 10 m×10 m 的样格组成，A~F 为样格
编号，S1 和 S2（阴影部分）为灌木层调查样格；H1~H5 为草本调查小样方。
样方四边应各留有 10~20 m 的缓冲区]

（引自方精云等，2009）

（3）对于连续监测样方，以硬木材质的木桩标记样方的四边和网格，样方四边木桩地上部留 30 cm 左右，内部网格木桩地上部留 15 cm 左右（如条件允许，可以将磁铁埋在各木桩的位置，以防人为破坏）。

3. 样方环境因子调查　调查项目详见森林植物群落调查表（表 3-3-1）。除调查表所记载的项目外，还需完成如下项目：

（1）群落照片。包括群落外貌、群落垂直结构、乔木层、灌木层、草本层和土壤剖面等。数码照片的分辨率应在 300 万像素以上。

（2）温湿度测定。可采用 HOBO 温湿度自动记录仪测定，采样频率为

10 min,测定时间 1 年以上。空气温湿度测定时，HOBO 温湿度自动记录仪应固定在离地表 1～2 m、不会受到阳光直射的树干上；土壤温湿度测定中，HOBO 温湿度自动记录仪应埋在距地表 10 cm 处。

表 3-3-1 森林植物群落样方基本信息表

样方编号		群落类型		样方面积	
调查地点	省	县（林业局）	乡（林场）	村（林班）	
具体位置描述：					
纬度		地形	() 山地 () 洼地 () 丘陵 () 平原 () 高原		
经度		坡位	() 谷地 () 下部 () 中下部 () 中部		
海拔			() 中上部 () 山顶 () 山脊		
坡向		森林起源	() 原始林 () 次生林 () 人工林		
坡度		干扰程度	() 无干扰 () 轻微 () 中度 () 强度		
土壤类型		林龄		群落剖面图：	
垂直结构	层高/m	盖度/%	优势种		
乔木层					
亚乔木层					
灌木层					
草本层					
调查人					
记录人		调查日期			

4. 乔木层调查

（1）记录林分状况。个体所属层次（乔木层/亚乔木层/更新层）、健康状况（正常/折枝/倾斜/翻倒/濒死/枯立/枯倒）。

（2）树木编号。由样格号＋树号组成。对于连续监测样方，每个个体挂上预先统一制作的识别牌。

（3）物种记录。从事群落调查的人员常常会遇到物种分类的困难。因此，需要采集标本进行鉴定。为便于标本采集和鉴定，一般要求在野外确认到属。为此，可提前准备研究区的植物名录以便查对，并事先进行物种鉴定的培训。

（4）胸径测定。在每个样格中，对于所有胸径≥3 cm 的树木个体，记录种名，测量胸径。对于连续监测样方，须在胸径测量处进行标记。

胸径是最主要且又易于测定的生长指标，需要对满足测定标准的每个个体都进行准确测定。对于生长不规则的树木，测定胸径时，应注意以下事项：

①总是从上坡方向测定（图 3-3-2A、B）。

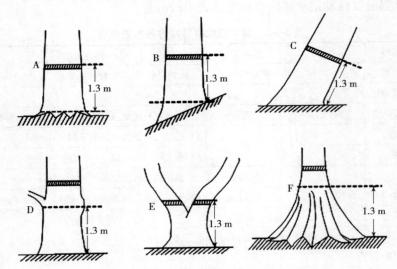

图 3-3-2 胸径测量位置的确定

（引自方精云等，2009）

②对于倾斜或倒伏的个体，从下方而不是上方进行测定（图 3-3-2C）。

③如树干表面附有藤蔓、绞杀植物和苔藓等，需去除后再测定。

④如不能直接测量胸径（如分杈、粗大节、不规则肿大或萎缩），应在合适位置测量（图 3-3-2D），测量点要标记，以便复查。

⑤胸高以下分枝的两个或两个以上茎干，可看作不同个体，分别进行测量（图 3-3-2E）。

⑥对具板根的树木在板根上方正常处测定（图 3-3-2F），并记录测量高度；倒伏树干上如有萌发条，只测量距根部 1.3 m 以内的枝条。

⑦极为不规则的树干，应主观确定最合适的测量点，并标记和记录测量高度。

（5）树高测定。树高的测定较困难。一般要求每个径级都要测定若干个体，以使建立的树高与胸径之间的关系能够代表群落的整体情况。一般来说，树高的测量株数应是胸径测量株数的 1/3 以上。

测定树高的方法有多种。在众多的测高器中，以日本产的伸缩式测高器最为精确。它的测量原理很简单，实际上就是一把可收缩的尺子，有若干节，每节约 1 m，上刻有刻度；内节最细，为到达树梢部分；外节最粗，在外层。平时测高器收叠起来，仅 1.2 m 左右。测高器一般有 10 m、12 m、15 m 和 20 m

等规格，因此，20 m 左右的树高均可精确测量。在郁闭和高大的林分中测量时，一般需要两人，一人使用测高器，另一人在合适位置确认测高器是否到达树梢。这种伸缩式测高器的缺点是测量速度较慢，抽出时也较费力；另外，测量时，一些细小枯枝易卡在节间，容易损坏测高器。在使用其他测高器如角规式测高器时，需要注意坡度的校正。

乔木层调查的数据填写在表 3-3-1 和表 3-3-2a 中。

5. 灌木层调查

（1）选取样方对角的两个样格（图 3-3-1），对灌木层进行详细调查。逐株（丛）记录种名、高度、株数、基部直径（简称基径）等。测量个体包括灌木种和未满足乔木层测量标准的更新幼树、苗。

（2）在其中一个样格内收获灌木层地上生物量，称取鲜重，并取样带回实验室烘干称量。

（3）在剩余的样格中，搜寻在两个灌木样格中未出现的灌木种（包括更新幼树、苗），记录种名。

灌木层调查数据填写在表 3-3-2b 中。

6. 草本层调查

（1）在样方四角和中心设置 5 个 1 m×1 m 的小样方，小样方编号方式如图 3-3-1 所示。连续监测样方须以木桩标记草本小样方的位置。

（2）在每个草本小样方内，记录所有草本维管植物的种名、平均高度、盖度和多度等级。

（3）在其中两个 1 m×1 m 小样方内收获草本层地上生物量和地表枯落物，称取鲜重，并取样带回实验室烘干称量。

（4）在每个样格中，仔细搜寻在草本小样方中未出现的草本物种，记录种名。

草本层调查数据填写在表 3-3-2c 中。

表 3-3-2 群落调查记录表

表 3-3-2a 乔木层调查表

样方号_____调查人员_____调查日期_____
地点_____省_____县（林业局）_____乡（林场）_____村（林班）

样格号	树号	树种	胸径/cm	树高/m	健康状况	备注

表 3-3-2b　灌木层调查表

样方号＿＿＿＿＿＿＿＿　调查人员＿＿＿＿＿＿＿＿＿＿＿＿＿＿＿＿＿＿＿　调查日期＿＿＿＿＿＿＿
地点＿＿＿＿＿＿　省＿＿＿＿＿＿　县（林业局）＿＿＿＿＿＿＿　乡（林场）＿＿＿＿＿＿　村（林班）

样格号	物种	基径/cm	平均高/cm	株数	盖度	备注

注：1. 在 S1、S2 灌木样方中调查时，记录每丛（株）的种名、平均基径、平均高、株数。
2. 在其他样方中调查时，仅记录未在 S1、S2 中出现的物种的种名。

表 3-3-2c　草本层调查表

样方号＿＿＿＿＿＿＿＿　调查人员＿＿＿＿＿＿＿＿＿＿＿＿＿＿＿＿＿＿＿　调查日期＿＿＿＿＿＿＿
地点＿＿＿＿＿＿　省＿＿＿＿＿＿　县（林业局）＿＿＿＿＿＿＿　乡（林场）＿＿＿＿＿＿　村（林班）

小样方号	物种	盖度/%	平均高/cm	多度	备注

注：1. 在 H1～H5 草本小样方中调查时，记录每个种的盖度、平均高、多度。按 Drude 多度等级记载多度（极多为 soc，很多为 cop3，多为 cop2，尚多为 cop1，不多为 sp，稀少为 sol，仅 1 株为 un）。
2. 在 10 m×10 m 样方中调查时，仅记录未在 H1～H5 小样方中出现的物种名。

（三）灌丛和草地植物群落调查

1. 样方地点选择及样方设置　样方地点的选择原则参考森林植物群落调查。样方面积 100 m²，周围应留有 10 m 缓冲区，在样方四角和中心各设置 1 m×1 m 的小样方 1 个（图 3-3-3）。

2. 样方环境因子调查

①经纬度、海拔、坡度、坡向等测定同森林植物群落调查。

②群落概况记录包括群落类型，群落垂直结构，各层次高度、盖度和优势种，干扰和季相等。

③其他样方信息的记录参见表 3-3-1。

3. 样方调查

记录所有维管植物的种名、平均高度、盖度和多度等级。对灌丛，调查整个样方（10 m×10 m）；对草地，调查 5 个 1 m×1 m 的小样方。

在其中 3 个 1 m×1 m 小样方内收获地上生物量，称取鲜重，并取样带回实验室烘干称量。

在整个 10 m×10 m 样方内，仔细搜寻在 5 个 1 m×1 m 小样方中未出现

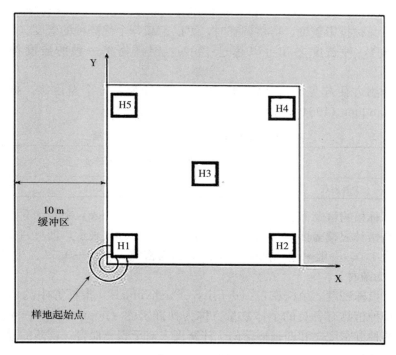

图 3-3-3 灌丛（草地）样方设置方法

[样方面积 10 m×10 m，其中 H1～H5 为详细调查小样方。样方四边应各
留有 10 m 的缓冲区。对于灌丛，需要调查整个样方（10 m×10 m）；对于草
地，一般只调查 5 个小样方]

（引自方精云等，2009）

的物种，记录种名。

四、群落特征指标的测度

（一）物种重要性的测度

植物群落是由不同植物物种组成的。一种植物在群落中的重要性可由多个
指标来量度。通过这些指标的测量，回答该物种是否存在、数量多少、个体多
大等问题。群落调查中直接测定的物种重要性的测度常常包括出现/不出现、
盖度（郁闭度）、植株密度、多度、胸高直径和树高等。

（1）出现/不出现。出现/不出现（presence or absence）指某种植物在样
方中是否存在，以该植物个体的基部是否生长在所调查的样方中为准。换言
之，地上部分出现在样方中但其基部并不生长在样方内的植株不能计入该
样方。

（2）盖度。盖度（coverage）指植物地上部分垂直投影面积占样方面积的百分比，又称投影盖度。群落调查时，可以记载每个优势种的盖度（称种盖度或分盖度），种盖度之和可以超过 100%，但任何单一种的盖度都不会大于 100%。

为计测方便起见，常常将物种的盖度划分为若干个盖度级。推荐使用 Braun-Blanquet（1964）的盖度级分级标准（表 3-3-3）。

表 3-3-3　Braun-Blanquet 的盖度分级标准

分级	+	1	2	3	4	5
盖度范围/%	少有出现	0～5	5～25	25～50	50～75	＞75

对森林植物群落而言，常用郁闭度（canopy coverage）来表示乔木层的盖度，它是指林冠覆盖面积与地表面积之比，常以十分数表示，即林冠完全覆盖地面记为 1.0。一般来说，郁闭度≥0.70 的为密林，0.20～0.69 为中度郁闭，＜0.20 为疏林。

（3）植株密度。植株密度（density of individuals）指样方中的植物个体数量。每种植物有各自的个体数量，称为种群密度（population density）。所有物种的种群密度之和即是群落的个体密度。对于森林而言，群落的乔木层植株密度也称林分密度（stand density）。

（4）多度。多度（abundance）是一种物种个体数量的目测估计指标，主要用于快速获得盖度的野外调查，常采用 Drude 的七级制进行分级（表 3-3-4）。如果测定了群落的盖度或密度，则可以不测定多度。

表 3-3-4　Drude 的多度分级标准

分级	7	6	5	4	3	2	1
符号	soc	cop3	cop2	cop1	sp	sol	un
描述	极多	很多	多	尚多	不多	稀少	单株

（5）胸高直径。胸高直径（diameter at breast height，DBH），简称胸径。木本植物的茎干直径是森林植物群落调查中最重要，也最易测定的指标，常常用来表示植物相对年龄的大小。群落分析中常常使用的胸高断面积（basal area）和生物量就是由 DBH 来推算的。一般来说，对于树高超过胸高部位〔我国及国际上大多数国家取 1.3 m 处，美国取 1.4 m 或 4.5 ft（1 ft≈0.3 m）〕的个体，测其 DBH；反之，可测其基部直径（简称基径）。

（6）树高。树高（tree height）也是一种非常重要的群落生长因子，既体现乔木树种的生物学特性和该树种的生长能力，也是判别群落立地质量的指标，并指示森林生物量的高低。在全球尺度上，郁闭森林的地上生物量与树高之比为一常数，即 10.6 t/（hm² · m），也就是说，单位森林空间的地上生物量密度恒定，为 1.0 kg/m³。这足以说明树高在群落调查中的重要性，但树高的测定较为困难，尤其在高大郁闭的森林中。因此，实践上常常只测定部分个体的树高，然后通过建立树高与 DBH 之间的相关生长关系，由 DBH 估算树高。

（7）重要值。重要值（importance value，IV）也是一个重要的群落定量指标，并常用于比较不同群落间某一物种在群落中的重要性，它通过上述直接测度指标计算得到，并非直接测量的。一般计算式为：

重要值＝（相对多度＋相对频度＋相对优势度）/3×100%

相对多度＝100×某个种的株数/所有种的总株数

相对频度＝100×某个种在统计样方中出现的次数/所有种出现的总次数

相对优势度＝100×某个种的胸高断面积/所有种的胸高断面积

上述公式并非是重要值的唯一计算方法，它可根据群落类型和已有数据作相应的变动。如在草本群落中，可用物种的平均高度替代优势度，或相对盖度替代相对多度进行计算；在森林植物群落中，常常直接用乔木层的相对优势度（相对胸高断面积）来表示重要值。总之，在具体的研究中，需对重要值的计算进行定义。

（二）群落多样性的测度

群落多样性（community diversity）是生物群落的重要特征，反映群落自身特征及其与环境之间的相互关系。群落多样性一般包括 α 多样性和 β 多样性。α 多样性表示群落中所含物种的多少，即物种丰富度（species richness），以及群落中各个种的相对密度，即物种均匀度（species evenness）。β 多样性则表示物种沿环境梯度所发生替代的程度或物种变化的速率。不同群落或某一环境梯度上不同样方之间的共有种越少，β 多样性越大；反之亦然。另外，在较大的地理空间上，常常用 γ 多样性来指示一个区域内总的物种多样性数量。

表示群落多样性的指标繁多，建议使用以下指标测度：

（1）物种丰富度（S）。

$$S＝出现在样方内的物种数$$

（2）α 多样性。

Shannon-Wiener 指数（H'）：

$$H' = -\sum_{i=1}^{s} P_i \ln P_i$$

Pielou 指数（均匀度指数，E）：

$$E = H'/\ln S$$

Simpson 指数（优势度指数，P）：

$$P = 1 - \sum_{i=1}^{s} P_i^2$$

式中，P_i 为种 i 的相对优势度（相对胸高断面积）或重要值（IV）。

（3）β 多样性。

Sørensen 指数（SI）：

$$SI = \frac{2c}{a+b}$$

Jaccard 指数（C_J）：

$$C_J = \frac{c}{a+b-c}$$

Cody 指数（β_C）：

$$\beta_C = \frac{g(H) + l(H)}{2} = \frac{a+b-2c}{2}$$

式中，a 和 b 分别为两样方的物种数，c 为两样方的共有物种数，g（H）为沿生境梯度 H 增加的物种数，l（H）为沿生境梯度 H 失去的物种数。

上述指数中，Sørensen 指数和 Jaccard 指数反映群落或样方间物种组成的相似性；Cody 指数则反映样方物种组成沿环境梯度的替代速率。

附　　录

附录一　常用实验药剂的用途与配制

一、染色剂

1. 番红　碱性染料。

【用途】染木化、角化、栓化的细胞壁、染色体和核仁。

【配法】

①番红水溶液：0.1 g 番红溶于 100 mL 蒸馏水中。

②番红酒精溶液：0.1 g 番红溶于 100 mL 50％酒精溶液中。

2. 固绿　人工酸性染料。

【用途】常与番红配合作双重染色，染纤维细胞。

【配法】固绿酒精溶液：固绿 0.1 g 溶解于 100 mL 95％酒精中。

3. 洋红　又称胭脂红，为酸性染料。用洋红（地衣红亦可）配成的溶液，其染色力可保持几年，如出现混浊现象，可过滤后再用。

【用途】适用于涂抹制片，染色体染成深红色，细胞质染成浅红色，长久保持不褪色。

【配法】

①铁醋酸洋红溶液：先将 200 mL 45％醋酸溶液放入锥形瓶中煮沸后停止加热，然后缓慢加入洋红 1 g，煮沸 1～2 min 后，冷却过滤，加入 45％醋酸铁溶液 1～2 滴（加多会发生沉淀），颜色变为葡萄酒色为好。过滤后放入棕色滴瓶中备用（避免阳光直射）。

②贝林氏铁醋酸洋红溶液：将 90 mL 冰醋酸加入到 110 mL 蒸馏水中煮沸，然后将火焰移去，立刻加入洋红 1 g，使之迅速冷却过滤，并加醋酸铁或氢氧化铁媒染剂的水溶液数滴，直到颜色变为葡萄酒色（注意铁剂不能加得太多，否则洋红会发生沉淀）。

4. 苏木精　最常用的碱性染料，如有酸存在呈红色，如有碱存在则呈蓝色。

【用途】染细胞核、染色体，能长久保持不褪色。

【配法】

甲液：硫酸铁铵 4 g＋蒸馏水 100 mL＋冰醋酸 1 mL＋浓硫酸 0.12 mL。

甲液是媒染剂，必须用时现配，保持新鲜。

乙液：取苏木精 2 g 溶解于 20 mL 95％酒精中，过滤，滤液作为长期保存的原液。使用时，用蒸馏水稀释，即取原液 5 mL，加入蒸馏水 95 mL，即成 0.5％苏木精水溶液。

5. 苏丹Ⅲ（或苏丹Ⅳ）染液

【用途】可将脂肪、角化、栓化的细胞壁染成淡黄色至红色。

【配法】

①取 0.1 g 苏丹Ⅳ溶解于 20 mL 95％酒精中即可。

②先将 0.1 g 苏丹Ⅳ溶解在 50 mL 丙酮中，再加入 70％酒精 50 mL，即可使用。

6. I_2-KI 染液

【用途】能将淀粉染成蓝色，蛋白质染成黄色，也是植物组织化学测定的重要试剂。

【配法】先把 3 g 碘化钾溶于 100 mL 的蒸馏水中，待全溶后，加入 1 g 碘，振荡溶解。该溶液能将蛋白质染成黄色，若用于淀粉的鉴定，还需稀释 3～5 倍。如果用于观察淀粉粒上的轮纹，需稀释 100 倍以上，观察结果更清晰。

7. 间苯三酚染液

【用途】在酸性条件下可使木质化成分变成红色。

【配法】将 5 g 间苯三酚溶解于 100 mL 95％酒精中（注意溶液呈黄褐色即失效）。

8. 苯酚品红染液

【用途】用于植物染色体的染色。

【配法】

A 液：取 3 g 碱性品红溶于 100 mL 70％酒精中（可长期保存）。

B 液：取 A 液 10 mL 加入 90 mL 5％苯酚(即石炭酸)水溶液中(2 周内使用)。

C 液：取 B 液 55 mL 加入 6 mL 冰醋酸和 6 mL 38％甲醛（可长期保存）。

染色液：取 C 液 10～20 mL，加入 80～90 mL 45％乙酸和 1.5 g 山梨醇。放置 2 周后使用，染色效果显著，可普遍用于植物组织的压片法和涂片法，使用 2～3 年不变质。山梨醇为助渗剂，兼有稳定染色液作用。如果没有山梨醇也能染色，但效果稍差。

二、离析液

1. 盐酸-酒精离析液

【用途】使细胞中层（果胶质）溶解而使细胞分开，常用于根尖压片。

【配法】95％酒精 1 份，浓盐酸 1 份，将二者混合即成。

2. 氢氧化钾

【用途】浸离韧皮纤维。

【配法】将 15～30 g 氢氧化钾（或氢氧化钠）加入到 70 mL 水中。

3. 硝酸、铬酸

【用途】离析木纤维

【配法】10％铬酸及 10％硝酸等体积混合而成，浸离时间为 24～48 h（30～40 ℃）

4. 硝酸、氯化钾

【用途】离析木纤维。

【配法】硝酸 5 mL，加入 1 g 氯化钾，加热 5 min。

三、固定液

1. 标准固定液　即 FAA 固定液或万能固定液。

【用途】在植物形态解剖研究上用途极广，对于染色体的观察效果较差，此固定液最大优点是兼有保存剂的作用，材料可在此固定液中长期保存。

【配法】福尔马林 5 mL，冰醋酸 5 mL，50％或 70％酒精 90 mL。软材料用 50％酒精，坚硬材料用 70％酒精配制。

2. 卡诺氏固定液

【用途】用于一般植物组织和细胞的固定，有极快的渗透力，一般根尖固定 15～20 min，花药 1 h，固定后用 95％酒精冲洗至不含冰醋酸为止。如果材料不马上用，需转入 70％酒精中保存。

【配法】①纯酒精 3 份，冰醋酸 1 份。

②纯酒精 6 份，冰醋酸 1 份，氯仿 3 份。

3. 福尔马林固定液

【用途】可用于固定植物营养器官标本，起到固定和防腐作用。但固定高等植物的花时，其花被易萎蔫，观察时不易疏展。

【配法】福尔马林水溶液稀释 10 倍。

四、封藏剂

加拿大树胶　常用的封固剂。将加拿大胶块溶于二甲苯中即成，绝对不能混入水和酒精。

五、酒精稀释法

先将已知百分比浓度的酒精倒入量筒，其份量和要稀释到的酒精的百分比数相等，将蒸馏水加到前浓度酒精的百分比数一样为止。

例1：从95％酒精稀释到35％时可在量筒中倒入95％酒精35 mL，然后用蒸馏水加到95 mL时为止，就得35％的酒精。

例2：从70％酒精稀释为30％时，可将30 mL的70％酒精先倒入量筒，再用蒸馏水加到70 mL为止，就得到30％的酒精。

也可参照表附1-1。

表附1-1　酒精稀释简表

浓度	每100 mL已知浓度酒精应加的蒸馏水体积/mL									
	95％	90％	85％	80％	75％	70％	65％	60％	55％	50％
95％										
90％	6.50									
85％	13.28	6.58								
80％	20.18	13.76	6.83							
75％	28.66	21.39	14.48	7.20						
70％	39.16	31.05	23.14	15.35	7.64					
65％	50.66	41.53	33.03	24.66	16.37	8.15				
60％	63.16	53.65	44.43	35.44	26.47	17.58	8.71			
55％	78.36	67.87	57.90	48.07	38.32	28.63	19.02	9.47		
50％	96.36	84.71	73.95	63.04	52.43	41.73	31.35	20.47	10.35	
45％	117.86	105.34	93.30	81.38	69.54	57.78	46.00	34.46	22.90	11.41
40％	141.86	130.80	117.34	104.01	90.76	77.59	64.48	51.43	38.46	25.55
35％	178.86	163.28	148.01	132.88	117.32	102.84	87.93	73.08	58.31	43.59
30％	224.00	206.22	188.59	171.05	153.61	136.04	118.94	101.71	84.50	67.45

附录二　中国主要入侵植物名录

莼菜科　Cabombaceae

1. 水盾草　*Cabomba caroliniana* Gray.

紫茉莉科　Nyctaginaceae

2. 紫茉莉　*Mirabilis jalapa* L.

落葵科　Basellaceae

3. 落葵薯　*Anredera cordifolia*（Tenore）Steenis

藜科　Chenopodiaceae

4. 土荆芥　*Chenopodium ambrosioides* L.

商陆科　Phytolaccaceae

5. 垂序商陆　*Phytolacca americana* L.

苋科　Amaranthaceae

6. 空心莲子草　*Alternanthera philoxeroides*（Mart.）Griseb

7. 长芒苋　*Amaranthus palmeri* S. Watson

8. 反枝苋　*Amaranthus retroflexus* L.

9. 刺苋　*Amaranthus spinosus* L.

葫芦科　Cucurbitaceae

10. 刺果瓜　*Sicyos angulatus* L.

豆科　Leguminosae

11. 光荚含羞草　*Mimosa bimucronata*（DC.）Kuntze

酢浆草科　Oxalidaceae

12. 酢浆草　*Oxalis corniculata* L.

大戟科　Euphorbiaceae

13. 斑地锦　*Euphorbia maculata* L.

柳叶菜科　Onagraceae

14. 小花山桃草　*Gaura parviflora* Douglas

旋花科　Convolvulaceae

15. 五爪金龙　*Ipomoea cairica*（L.）Sweet

16. 圆叶牵牛　*Ipomoea purpurea*（L.）Roth

17. 金钟藤　*Merremia boisiana*（Gagnep.）V. Ooststr.

马鞭草科　Verbenaceae

18. 马缨丹　*Lantana camara* L.

茄科　Solanaceae

19. 喀西茄　*Solanum aculeatissimum* Jacquin

20. 刺萼龙葵　*Solanum rostratum* Dunal

紫葳科　Bignoniaceae

21. 猫爪藤　*Macfadyena unguis-cati*（L.）A. Gentry

车前科 Plantaginaceae

22. 北美车前 *Plantago virginica* L.

菊科 Asteraceae

23. 藿香蓟 *Ageratum conyzoides* L.

24. 豚草 *Ambrosia artemisiifolia* L.

25. 三裂叶豚草 *Ambrosia trifida* L.

26. 钻形紫菀 *Aster subulatus* Michx.

27. 大狼把草 *Bidens frondosa* L.

28. 三叶鬼针草 *Bidens pilosa* L.

29. 小蓬草 *Conyza canadensis* (L.) Cronquist

30. 苏门白酒草 *Conyza bonariensis* var. *leiotheca* (S. F. Blake) Cuatrec.

31. 一年蓬 *Erigeron annuus* Pers.

32. 紫茎泽兰 *Eupatorium adenophorum* Spreng

33. 飞机草 *Eupatorium odoratum* L.

34. 黄顶菊 *Flaveria bidentis* (L.) Kuntze

35. 牛膝菊 *Galinsoga parviflora* Cav.

36. 假苍耳 *Iva xanthifolia* Nutt.

37. 薇甘菊 *Mikania micrantha* H. B. K.

38. 银胶菊 *Parthenium hysterophorus* L.

39. 假臭草 *Praxelis clematidea* (Grisebach.) King et. Robinson

40. 欧洲千里光 *Senecio vulgaris* L.

41. 加拿大一枝黄花 *Solidago canadensis* L.

42. 肿柄菊 *Tithonia diversifolia* A. Gray

43. 三裂叶蟛蜞菊 *Wedelia trilobata* (L.) Hitchc.

44. 意大利苍耳 *Xanthium italicum* Moretti

45. 刺苍耳 *Xanthium spinosum* L.

雨久花科 Pontederiaceae

46. 凤眼莲 *Eichhornia crassipes* (Mart.) Solms

禾本科 Gramineae

47. 野燕麦 *Avena fatua* L.

48. 蒺藜草 *Cenchrus echinatus* L.

49. 长刺蒺藜草 *Cenchrus pauciflorus* Benth.

50. 毒麦 *Lolium temulentum* L.

51. 假高粱 *Sorghum halepense* (L.) Pers.

52. 互花米草　*Spartina alterniflora* Loisel.

天南星科　Araceae

53. 大藻　*Pistia stratiotes* L.

说明：此名录主要根据下列资料选录。

1. 国家环境保护总局《关于发布中国第一批外来入侵物种名单的通知》（环发〔2003〕11 号）

2. 环境保护部《关于发布中国第二批外来入侵物种名单的通知》（环发〔2010〕4 号）

3. 环境保护部、中国科学院《关于发布中国外来入侵物种名单（第三批）的公告》（公告 2014 年第 57 号）

4. 环境保护部、中国科学院《关于发布中国自然生态系统外来入侵物种名单（第四批）的公告》（公告 2106 年第 78 号）

5. 中文期刊有关的研究论文

附录三　被子植物主要科的特征

（按克朗奎斯特系统排列）

序号	科名	识别要点	花程式
双子叶植物纲			
1	木兰科 Magnoliaceae	木本，单叶互生，枝具环状托叶痕；花大，单生枝顶或叶腋，两性，雌雄蕊多数，螺旋状排列于柱状花托上，心皮分离，子房上位；聚合蓇葖果	$* P_{6\sim15} A_{\infty} \underline{G}_{\infty}$
2	蜡梅科 Calycanthaceae	木本，单叶具短柄、对生、全缘，无托叶；花两性，单生，周位花，花被多数，螺旋状排列，心皮多数，分离，生于一空壶形的花托内；聚合瘦果包于花托内	$* P_{15\sim30} A_{5\sim30} \underline{G}_{\infty:1:2}$
3	樟科 Lauraceae	木本，单叶互生，三出脉或羽状脉，无托叶，含芳香油；花药瓣裂，花 3 基数，子房上位；核果	$* P_{3+3} A_{3+3+3+3} \underline{G}_{(3:1:1)}$
4	金粟兰科 Chloranthaceae	单叶对生，叶柄宽，托叶小；花常两性，花序顶生或腋生，常穗状，无花被，雄蕊 1 或 3，雌蕊 1，心皮 1，子房下位；核果	$* P_0 A_{1,3} \overline{G}_{1:1}$
5	三白草科 Saururaceae	多年生草本，单叶互生，托叶与叶柄合生；花两性，无花被，总状或穗状花序，与叶对生，苞片明显，雄蕊 3、6 或 8，子房上位，心皮 3～4，分离或合生；蓇葖果或蒴果	$* P_0 A_{3,6,8} \underline{G}_{3\sim4,(3\sim4)}$

（续）

序号	科名	识别要点	花程式
6	胡椒科 Piperaceae	木质或草质藤本，节常膨大，单叶，具芳香味；花小，单性，雌雄异株，或两性，无花被，穗状花序，子房上位，室1；核果	$* P_0 A_{1\sim10} \underline{G}_{(1\sim4:1:1)}$
7	马兜铃科 Aristolochiaceae	草本或藤状灌木，单叶互生，常心形；花两性，辐射对称或两侧对称，花被常单层，花瓣状或管状，雄蕊6至多数，子房下位；蒴果	$*,\ \uparrow P_{(3)} A_{6\sim\infty,(6\sim\infty)}$ $\overline{G}_{(4\sim6:4:4\sim6)}$
8	八角科 Illiciaceae	常绿木本，有芳香油，单叶互生，全缘；花两性，单生或簇生叶腋，花被和雄蕊1至多轮，心皮5至多数，单轮离生，子房上位；聚合蓇葖果	$* P_{9\sim15} A_{4\sim\infty} \underline{G}_{5\sim\infty}$
9	莲科 Nelumbonaceae	水生草本，有乳汁，根状茎粗大，叶盾形，常高出水面；花大，单生，花被、雄蕊多数，螺旋状排列，心皮多数，埋于海绵质花托内；聚合坚果，种皮海绵质	$* K_{4\sim5} C_\infty A_\infty \underline{G}_\infty$
10	睡莲科 Nymphaeaceae	水生草本，心形叶或盾形叶，浮水，具长柄，多具肥厚根状茎；花两性，单生于无叶花葶上，花萼4～6，雄蕊多数，心皮多数，结合；果实浆果状	$* K_{4\sim6(\sim14)} C_{8\sim\infty} A_{\infty,(0)}$ $\underline{G}_{(3\sim5\sim\infty:3\sim5\sim\infty:\infty)}$
11	毛茛科 Ranunculaceae	多为草本；花两性，整齐，花萼、花瓣均离生，雄蕊、雌蕊多数，离生，螺旋状排列于凸起的花托上，子房上位；聚合瘦果或聚合蓇葖果	$* K_{3\sim\infty} C_{3\sim\infty} A_\infty \underline{G}_{1\sim\infty}$
12	小檗科 Berberidaceae	草本或灌木，叶互生；花两性，整齐，萼片与花瓣覆瓦状排列，每轮3基数，雄蕊与花瓣同数而对生，稀更多，花药常瓣裂，子房上位，室1；浆果或蒴果	$* K_{3+3,3+3} C_{3+3} A_6 \underline{G}_{1:1}$
13	木通科 Lardizabalaceae	木质藤本，多掌状复叶，互生，小叶柄基部膨大；花单性，萼片6，花瓣退化或无，雄蕊6，心皮3或多数，离生，子房上位；肉质蓇葖果或浆果	$\male:\ * K_{3+3} C_0 A_6$ $\female:\ * K_{3+3} C_0 \underline{G}_3$
14	罂粟科 Papaveraceae	草本或灌木，具乳汁，叶互生或对生，无托叶；花两性，萼片2或不常为3～4，花瓣常二倍于花萼4～8，其中1或2常有距，雄蕊数轮或合生成束，子房上位；蒴果孔裂或瓣裂	$* K_2 C_{4\sim8} A_{\infty,4} \underline{G}_{(2\sim\infty:1)}$
15	连香树科 Cercidiphyllaceae	落叶乔木，有长枝、短枝之分，单叶，在长枝上对生，在短枝中互生；花单性，雌雄异株，无花被，花簇生，花药红色，心皮4～8，离生；聚合蓇葖果	$\male:\ * P_0 A_{8\sim13}$ $\female:\ * P_0 \underline{G}_{4\sim8}$

（续）

序号	科名	识别要点	花程式
16	悬铃木科 Platanaceae	落叶乔木，单叶互生，托叶早落，叶掌状分裂，叶柄基部膨大包藏冬芽，树皮片状剥落；花单性，雌雄同株，花密集成头状花序；聚合小坚果	♂： * $P_{3\sim8} A_{3\sim8}$ ♀： * $P_{3\sim8} \underline{G}_{3\sim8}$
17	金缕梅科 Hamamelidaceae	木本，常具星状毛，单叶互生，有托叶；花萼、花瓣和雄蕊均 4 或 5，子房半下位或下位，心皮 2，顶端离生，室 2，花柱 2，宿存；蒴果，木质化	* $K_{(4\sim5)} C_{4\sim5,0} A_{\infty,4\sim5}$ $\overline{G}_{(2:2:1\sim\infty)}$
18	杜仲科 Eucommiaceae	落叶乔木，树皮含硬橡胶，枝具片状髓心，单叶互生，无托叶；雌雄异株，无花被；翅果	♂： * $P_0 A_{10}$ ♀： * $P_0 \underline{G}_{(2:1:2)}$
19	榆科 Ulmaceae	木本，单叶互生；花两性或单性，雌雄同株，无花瓣，雄蕊与花被片同数且对生；2 心皮合生 1 室，胚珠 1，花柱 2 裂，子房上位；翅果、坚果或核果	* $K_{4\sim8} C_0 A_{4\sim8} \underline{G}_{(2:1:1)}$
20	桑科 Moraceae	木本，常具乳汁，单叶互生，托叶明显、早落；花小，单被，单性，雌雄同株或异株，聚伞花序，常集成头状、穗状、圆锥状花序或隐头花序；坚果、核果集合为各式聚花果	♂： * $K_{4\sim6} C_0 A_{4\sim6}$ ♀： * $K_{4\sim6} C_0 \underline{G}_{(2:1)}$
21	荨麻科 Urticaceae	单叶，常具托叶，叶表皮细胞有钟乳体，茎皮纤维发达；花单被，多单性，聚伞花序，雄蕊与花被片同数且对生，子房 1 室，胚珠单个，基生；坚果或核果	♂： * $K_{4\sim5} C_0 A_{4\sim5}$ ♀： * $K_{4\sim5} C_0 \underline{G}_{(1:1)}$
22	胡桃科 Juglandaceae	落叶木本，羽状复叶，互生，无托叶；单性花，雌雄同株，雄花序为柔荑花序，花被片 3~5，具苞片，子房下位；坚果核果状或具翅	♂： * $P_{3\sim6} A_{3\sim10}$ ♀： * $P_{3\sim5} \overline{G}_{(2:1)}$
23	杨梅科 Myricaceae	木本，单叶互生，无托叶；花单性，雌雄异株或同株，柔荑花序，无花被，具苞片，子房具瘤状突起，花后增大形成乳头状突起；核果	♂： * $P_0 A_{2\sim\infty}$ ♀： * $P_0 \overline{G}_{(2:1)}$
24	壳斗科 Fagaceae	木本，单叶互生，有托叶；花单性，单被，雌雄同株，雄花排列为柔荑花序，雌花 2~3 朵生于总苞中，子房下位；坚果单生或 2~3 个生于总苞内，总苞呈杯状或囊状	♂： * $K_{(4\sim8)} C_0 A_{4\sim20}$ ♀： * $K_{(4\sim8)} C_0 G_{(3\sim6:3\sim6:2)}$
25	桦木科 Betulaceae	落叶木本，单叶互生，托叶早落；花单性，雌雄同株，雄花为柔荑花序，具苞片，雌花生于果苞内，子房下位，柱头 2，宿存；坚果，被果苞托着或包围	♂： * $P_4 A_{2\sim20}$ ♀： * $P_0 \overline{G}_{(2:2)}$

（续）

序号	科名	识别要点	花程式
26	商陆科 Phytolaccaceae	草本或木本，单叶互生，全缘，无托叶，具肉质肥大根；花两性或单性，总状花序或聚伞花序，雄蕊 4～5 或更多，心皮 1 至多数，分离或合生，子房上位；浆果、蒴果或翅果	$* P_5 A_{4\sim5} \underline{G}_{1\sim\infty,(1\sim\infty)}$
27	马齿苋科 Portulacaceae	草本，单叶，全缘，常有托叶；花两性，萼片 2，雄蕊 4 至多数，与花瓣同数而与之对生，子房 1 室，胚珠 1 至多数；蒴果，盖裂或瓣裂	$* K_{(2)} C_{4\sim5} A_{4\sim\infty} \overline{G}_-,$ $\overline{\underline{G}}_{(3\sim5:1:\infty)}$
28	苋科 Amaranthaceae	多为草本，单叶，全缘，无托叶；花小，两性，稀单性，单生或为腋生的聚伞花序或为圆锥花序，花被片 3～5，常为干膜质，子房上位；常为盖裂的胞果	$* K_{3\sim5} C_0 A_{3\sim5,(5)} \underline{G}_{(2\sim3:1:1)}$
29	藜科 Chenopodiaceae	草本或小灌木，单叶互生，偶对生，无托叶；花小，单被，两性或单性，常雌雄同株，苞片与花被绿色或灰绿色，花被片 3～5 裂，花后常增大宿存；胞果，常包于宿存花被内	$* K_{3\sim5} C_0 A_{3\sim5} \underline{G}_{(2\sim3:1)}$
30	石竹科 Caryophyllaceae	草本，节膨大，单叶对生，基部常横向相连；花两性，辐射对称，单生或排成聚伞花序，萼片 4～5，分离或合生，花瓣 4～5，常有爪，雄蕊 5～10，子房上位，特立中央胎座或基生胎座；蒴果	$* K_{4\sim5,(4\sim5)} C_{4\sim5} A_{5\sim10}$ $\underline{G}_{(5\sim2:1)}$
31	紫茉莉科 Nyctaginaceae	草本或木本，单叶对生或互生；花辐射对称，单被，两性，常有彩色苞片组成总苞，子房上位，室 1，胚珠 1；瘦果，表面具棱槽，常包于宿存花被中	$* P_{(5)} A_{1\sim\infty} \underline{G}_{(1:1)}$
32	仙人掌科 Cactaceae	多年生肉质植物，茎常收缩成节，刺叶生于小窝内；花两性，辐射对称或两侧对称，雄蕊多数，子房下位；浆果，有刺或倒刺毛	$* P_{\infty,(\infty)} A_{\infty} \overline{G}_{(3\sim\infty:1:\infty)}$
33	蓼科 Polygonaceae	草本，单叶互生，节部常膨大，具膜质筒状托叶鞘；花常两性，单被，花被片 3～6，雌蕊由 3 心皮合成，子房上位；坚果，三棱形或凸镜形，包于宿存的花被内	$* K_{3\sim6} C_0 A_{6\sim9} \underline{G}_{(2\sim4:1)}$
34	芍药科 Paeoniaceae	多年生草本或灌木，复叶，互生；单花或数朵生枝顶或茎上部叶腋，苞片叶状，宿存，雄蕊多数，心皮 2～5，离生，柱头扁平，向外反卷；蓇葖果	$* K_5 C_{5\sim10} A_{\infty} \underline{G}_{2\sim5:2\sim5}$

（续）

序号	科名	识别要点	花程式
35	猕猴桃科 Actinidiaceae	木质藤本，枝髓实心或层片状，单叶互生，被粗毛或星状毛；花两性、单性或杂性，5 基数，花萼常宿存，子房上位；浆果或蒴果，花柱常宿存	$* K_5 C_5 A_\infty \underline{G}_{(\infty:\infty:\infty)}$
36	山茶科 Theaceae	木本，单叶互生，常革质，无托叶；花两性，辐射对称，单生于叶腋，萼片 4 至多数，雄蕊多数，常与花瓣基部连生，子房上位，中轴胎座；常为蒴果	$* K_{4\sim\infty} C_{5,(5)} A_\infty \underline{G}_{(2\sim8:2\sim8)}$
37	锦葵科 Malvaceae	木本或草本，皮部富含纤维，单叶互生，常为掌状叶脉；花多为两性，辐射对称，5 基数，有副萼，单体雄蕊，雌蕊 3 至多心皮合生，子房上位；蒴果或分果	$* K_5 C_5 A_{(\infty)} \underline{G}_{(3\sim\infty:3\sim\infty)}$
38	梧桐科 Sterculiaceae	草本、灌木或乔木，茎、叶的幼嫩部分常有星状毛，树皮富含纤维，单叶或掌状复叶，互生，有托叶；花两性或单性，单体雄蕊；多为蒴果或蓇葖果	♂：$* K_{(5)} C_0 A_{(5\sim15)}$ ♀：$* K_{(5)} C_0 \underline{G}_{(2\sim5)}$
39	葫芦科 Cucurbitaceae	草质藤本，有卷须，单叶互生，掌裂；花单性，花萼合生为萼管，花瓣多合生，雄蕊 3 或 5，分离或各种结合，雌蕊 3 心皮合生，侧膜胎座，子房下位；瓠果	♂：$* K_{(5)} C_{(5)} A_{1+(2)+(2)}$ ♀：$* K_{(5)} C_{(5)} \overline{G}_{(3:1)}$
40	杨柳科 Salicaceae	落叶木本，单叶互生；花单性，雌雄异株，柔荑花序，无花被；蒴果，种子微小，基部有多数丝状长毛	♂ $* K_0 C_0 A_{2\sim\infty}$ ♀ $* K_0 C_0 \underline{G}_{(2:1)}$
41	白花菜科 Capparaceae	单叶或掌状复叶，托叶常变为刺或腺体；花常两性，萼片和花瓣 4～8，花瓣有爪，雄蕊 4 至多数，与雌蕊合生于雌雄蕊柄上，子房上位；蒴果或浆果	$* K_{4\sim8} C_{4\sim8} A_{(4\sim\infty)}$ $\underline{G}_{(2\sim8:1)}$
42	十字花科 Cruciferae	多为草本，常具辛辣汁液，常单叶互生，无托叶；总状花序或伞房花序，花两性，萼片 4，十字形花冠，四强雄蕊，子房上位，侧膜胎座；角果	$* K_{2+2} C_{2+2} A_{2+4} \underline{G}_{(2:1)}$
43	杜鹃花科 Ericaceae	灌木或亚灌木，单叶互生；花萼 4～5 裂，宿存，花瓣合生，4～5 裂，雄蕊为花瓣裂片数的 2 倍，花药孔裂，常有附属物；多为蒴果，稀浆果或核果	$*，\uparrow K_{(4\sim5)} C_{(4\sim5),4\sim5}$ $A_{8\sim10,4\sim5} \underline{G}; \overline{G}_{(2\sim5:2\sim5)}$

（续）

序号	科名	识别要点	花程式
44	柿树科 Ebenaceae	落叶木本，单叶互生，无托叶；花常单性异株，稀两性或杂性，花萼和花冠均 3～7 裂；子房上位，中轴胎座；浆果，具增大的宿萼	$* K_{(3\sim7)} C_{(3\sim7)} A_{3\sim7,6\sim14,9\sim12} \underline{G}_{(2\sim16:2\sim16:1\sim2)}$
45	山矾科 Symplocaceae	木本，单叶互生，无托叶；花两性，雄蕊多数，生于花冠筒上，花丝分离或合生成束，子房下位；核果，顶端具宿萼	$* K_{(3\sim5)} C_{(3\sim11)} A_{4\sim\infty} \overline{G}, \overline{\underline{G}}_{(2\sim5:2\sim5:2\sim4)}$
46	报春花科 Primulaceae	草本，稀为亚灌木，单叶，无托叶；花两性，辐射对称，花萼和花冠均 5 裂，雄蕊 5，与花冠裂片对生，子房上位，特立中央胎座；蒴果	$* K_{(5)} C_{(5)} A_{(5)} \underline{G}_{(5:1)}$
47	景天科 Crassulaceae	肉质草本，单叶，无托叶；花两性，整齐，萼片与花瓣同数，4 或 5，雄蕊与花瓣同数或为 2 倍，雌蕊具心皮 4～5，分离或基部合生；蓇葖果，少数为蒴果	$* K_{4\sim5} C_{4\sim5} A_{4\sim5+4\sim5} \underline{G}_{4\sim5}$
48	虎耳草科 Saxifragaceae	叶常互生，无托叶；花两性，整齐，萼片与花瓣 4 或 5，雄蕊 5～10，着生在花瓣上，雌蕊具心皮 2～5，下部合生，花柱分离；蒴果或浆果	$* K_{4\sim5} C_{4\sim5,0} A_{4\sim5+4\sim5} \underline{\overline{G}}_{(2\sim5:1\sim3:\infty)}$
49	蔷薇科 Rosaceae	叶常互生，有托叶；花两性，整齐，5 基数，花萼、花冠和雄蕊三者基部合生于花托筒边缘，花托凸隆或凹陷；梨果、核果、聚合瘦果或蓇葖果	$* K_{(5)} C_{5,0} A_\infty \underline{G}_{(1\sim\infty)}, \overline{G}_{(2\sim5)}$
50	豆科 Fabaceae	根具根瘤；羽状复叶或三出复叶，稀单叶，具托叶，叶枕发达；花两性，5 基数，辐射对称至两侧对称；雌蕊 1 心皮，子房 1 室，含多胚珠；荚果	$*, \uparrow K_{(5)} C_5 A_{(\infty),(9)+1,10} \underline{G}_{1:1:1\sim\infty}$
51	千屈菜科 Lythraceae	单叶，全缘，常对生，无托叶；花两性，整齐，单生或簇生，或组成穗状、总状或聚伞花序，花萼管状或钟状，3～6 裂，雄蕊着生于萼管上，子房上位；蒴果	$* K_{(6)} C_6 A_\infty \underline{G}_{(3\sim6:2\sim6)}$
52	瑞香科 Thymelaeaceae	木本，具韧性纤维，单叶、全缘，无托叶；花整齐，具花盘，花萼合生钟状或管状，花瓣状，常 4 裂，花瓣退化，雄蕊常与萼片同数或为 2 倍，子房上位，常 1 室，1 胚珠；浆果、核果或坚果	$* K_{(4)} C_0 A_{4\sim8} \underline{G}_{1:1}$
53	石榴科 Punicaceae	落叶木本，单叶对生或簇生，无托叶；花两性，花萼筒钟状，革质，肥厚，宿存，花瓣 5～9，有皱纹，雄蕊多数，雌蕊由 8～12 心皮合生，子房下位；浆果，有隔膜，种子多数，外种皮多汁液	$* K_{(5\sim9)} C_{5\sim9} A_\infty \overline{G}_{(8\sim12)}$

（续）

序号	科名	识别要点	花程式
54	山茱萸科 Cornaceae	木本或多年生草本，单叶对生；花两性或单性，或花序生于叶片主脉上，花萼齿和花瓣4～5，雄蕊4～5，与花瓣同数并与之互生，着生于花盘基部，子房下位；核果	$* K_{(4\sim5)} C_{4\sim5} A_{4\sim5} \overline{G}_{(2\sim5:2\sim5:1)}$
55	檀香科 Santalaceae	木本或草本，常为寄生或半寄生，单叶互生或对生，全缘；花两性或单性，单被，花被3～6裂，雄蕊3～6，子房下位或半下位，1室或多室；坚果或核果	$* P_{(3\sim6)} A_{3\sim6} \overline{G}, \overline{G}_{(2\sim5:1)}$
56	卫矛科 Celastraceae	木本，单叶；花常两性，整齐，淡绿色，聚伞花序，萼片、花瓣4或5，花盘发达呈各种形状，雄蕊与花瓣同数且互生，萼片宿存，子房上位，1～5室；蒴果、浆果、翅果或核果，种子常具肉质假种皮	$* K_{4\sim5} C_{4\sim5} A_{4\sim5} \underline{G}_{(2\sim5:1\sim5:2)}$
57	冬青科 Aquifoliaceae	乔木或灌木，多为常绿，单叶互生；花小，单性，雌雄异株，萼片和花瓣4～6，覆瓦状排列，雄蕊与花瓣同数且互生，子房上位；浆果状核果，具宿萼，柱头宿存	♂: $* K_{3\sim6} C_{4\sim5} A_{4\sim5}$ ♀: $* K_{3\sim6} C_{4\sim5} \underline{G}_{(2\sim6:3:\infty)}$
58	黄杨科 Buxaceae	常绿灌木，单叶，无托叶；花常单性，花萼4裂片或缺，无花瓣，雄蕊4至多数，子房上位，常3室，胚珠1或2；蒴果或核果	♂: $* K_{2+2} C_0 A_{4\sim\infty}$ ♀: $* K_{3+3} C_0 \underline{G}_{(3:3:1\sim2)}$
59	大戟科 Euphorbiaceae	常具乳汁，常单叶，多互生，常有托叶；花单性，雌花有梗，常无花瓣，子房上位，3心皮，3室，每室1或2胚珠，中轴胎座；常蒴果，种子多具种阜	♂: $* K_{0\sim5} C_{0\sim5} A_{1\sim\infty,(\infty)}$ ♀: $* K_{0\sim5} C_{0\sim5} \underline{G}_{(3:3:1\sim2)}$
60	鼠李科 Rhamnaceae	木本，多具刺，单叶，常互生，有托叶；花常两性，淡绿色，萼片和花瓣均4～5，雄蕊与花瓣对生，花盘发达，子房上位；核果或蒴果	$* K_{4\sim5} C_{4\sim5,0} A_{4\sim5} \underline{G}_{(2\sim4:2\sim4:1)}$
61	葡萄科 Vitaceae	攀援藤本，具卷须，常与叶对生；花两性或单性异株，排成聚伞花序或圆锥花序，常与叶对生，雄蕊4或5，与花瓣对生，子房上位，2～6室，每室1或2胚珠；浆果，种子坚硬，具胚乳	$* K_{4\sim5} C_{4\sim5} A_{4\sim5} \underline{G}_{(2:2\sim6:1\sim2)}$
62	无患子科 Sapindaceae	木本，稀草本，多为羽状复叶，互生，无托叶；萼片和花瓣4或5，花盘肉质，雄蕊常8～10，子房上位，3室，每室1或2胚珠；蒴果、核果、浆果、坚果或翅果，种子常具假种皮	$\uparrow K_{4\sim5} C_{4\sim5} A_{8\sim10} \underline{G}_{(3:3:1\sim2)}$
63	槭树科 Aceraceae	木本，叶对生，无托叶；花绿色或黄绿色，整齐，雄蕊常8，子房上位，2室，花柱2；双翅果，成熟开裂为2，各含1种子	$* K_{4\sim5} C_{4\sim5} A_{8,4,10} \underline{G}_{(2:2:2)}$

（续）

序号	科名	识别要点	花程式
64	漆树科 Anacardiaceae	木本，多羽状复叶，常互生，树皮中常有树脂；圆锥花序，萼片和花瓣 3～5，覆瓦状排列，花盘环状，子房上位，常 1 室，1 胚珠；核果	$* K_{(5)} C_5 A_{5\sim10} \underline{G}_{(1\sim5\,:\,1\,:\,1)}$
65	楝科 Meliaceae	木本，常羽状复叶，互生，无托叶；花两性，整齐，圆锥花序，萼片和花瓣 4～5，雄蕊常为花瓣的 2 倍，花丝合生成管，子房上位，与花盘离生或多少合生，通常 4～5 室，每室 1 至多胚珠；蒴果、浆果或核果	$* K_{4\sim5} C_{4\sim5} A_{(8\sim10)} \underline{G}_{(4\sim5\,:\,4\sim5)}$
66	芸香科 Rutaceae	木本，常有刺，单叶或复叶，常含挥发油，叶常有透明油点；花常两性，辐射对称，花瓣离生，雄蕊 8～10，子房上位，具有花盘，心皮 2 至多数；柑果、蓇葖果或蒴果	$* K_{4\sim5} C_{4\sim5} A_{8\sim10}$ $\underline{G}_{(4\sim5,\infty\,:\,4\sim5,\infty\,:\,1\sim2,\infty)}$
67	五加科 Araliaceae	木本，稀草本，托叶贴柄连成鞘；花小，整齐，伞形花序或头状花序，花萼筒与子房合生，花盘肉质，子房下位，1～15 室，每室 1 胚珠；浆果或核果	$* K_5 C_5 A_5 \overline{G}_{(2\sim5\,:\,2\sim5\,:\,1)}$
68	伞形科 Umbelliferae	草本，叶互生，常分裂或为复叶，叶柄扁鞘状；复伞形花序或伞形花序，花瓣 5，雄蕊 5，子房下位；双悬果，常具 5 棱，每分果含 1 种子	$* K_{(5),0} C_5 A_5 \overline{G}_{(2\,:\,2\,:\,1)}$
69	夹竹桃科 Apocynaceae	草木、灌木或乔木，具乳汁，单叶对生或轮生；花两性，辐射对称，5 基数，花冠合瓣，裂片旋转状排列，喉部有附属物，雄蕊与花冠裂片同数，子房上位，心皮 2，分离或合生；蓇葖果	$* K_{(5)} C_{(5)} A_5 \underline{G}_{2\,:\,2}$
70	茄科 Solanaceae	单叶互生，无托叶；花两性，合瓣花冠常成筒，5 基数，整齐，宿萼花后常增大；雄蕊与花冠裂片同数且互生，上位子房，2 室；浆果或蒴果	$* K_{(5)} C_{(5)} A_5 \underline{G}_{(2\,:\,2\,:\,\infty)}$
71	马鞭草科 Verbenaceae	木本，稀草本，叶对生，无托叶；花两性，两侧对称，稀辐射对称，花萼和花冠均 4～5 裂，雄蕊 4，2 强，子房上位，2～5 室；核果或浆果	$*,\uparrow K_{(4\sim5)} C_{(4\sim5)} A_{4\sim5}$ $\underline{G}_{(2\,:\,2\,:\,1\sim2)}$
72	唇形科 Labiatae	茎 4 棱形，叶对生，无托叶，含芳香油；花萼 5 裂，宿存，唇形花冠，二强雄蕊，子房上位，心皮 2，4 室；4 枚小坚果	$\uparrow K_{(4\sim5)} C_{(4\sim5)} A_{2+2,2}$ $\underline{G}_{(2\,:\,4\,:\,1)}$
73	玄参科 Scrophulariaceae	草本，稀木本，叶对生，稀互生或轮生；花两性，多两侧对称，唇形花冠，常二强雄蕊，子房上位，2 心皮，2 室；蒴果或浆果	$\uparrow K_{(4\sim5)} C_{(4\sim5)} A_{2+2,2}$ $\underline{G}_{(2\,:\,2\,:\,\infty)}$

（续）

序号	科名	识别要点	花程式
74	木犀科 Oleaceae	木本，叶对生，无托叶；花两性或单性，圆锥花序或聚伞花序，花萼和花冠常 4 裂，整齐花，冠生雄蕊 2，子房上位，心皮 2，2 室；浆果、核果、蒴果或翅果	$* K_{(4)} C_{(4)} A_2 \underline{G}_{(2:2)}$
75	茜草科 Rubiaceae	木本或草本，单叶对生或轮生，全缘，托叶发达；两性花，整齐，花萼和花冠均 4～5 裂，雄蕊与花冠裂片同数而互生，生于花冠筒上，子房下位，常 2 室；蒴果、浆果或核果	$* K_{(4\sim5)} C_{(4\sim5)} A_{4\sim5}$ $\overline{G}_{(2:2:1\sim\infty)}$
76	忍冬科 Caprifoliaceae	木本，稀草本，叶对生，常无托叶；花两性，辐射对称或两侧对称，聚伞花序，4 或 5 基数，雄蕊与花冠裂片同数而互生，生于花冠筒上，子房下位，2～5 室；蒴果、浆果或核果	$*, \uparrow K_{(4\sim5)} C_{(4\sim5)} A_{4\sim5}$ $\overline{G}_{(2\sim5:2\sim5:1\sim\infty)}$
77	菊科 Asteraceae	大多为草本，单叶或复叶，常互生；花两性或单性，密集成头状花序，合瓣花冠（舌状、筒状），聚药雄蕊，雌蕊 2 心皮合生，子房下位，1 室，1 胚珠；连萼瘦果，顶端常具宿存的冠毛	$*, \uparrow K_{(0\sim\infty)} C_{(5)} A_{(5)}$ $\overline{G}_{(2:1:1)}$

单子叶植物纲

序号	科名	识别要点	花程式
78	泽泻科 Alismataceae	沼生或水生草本，具球茎或根状茎，叶常基生，基部具开裂的鞘，叶形变化较大；花两性或单性，辐射对称，总状花序或圆锥花序，雄蕊 6 至多数，心皮 6 至多数，离生；多为聚合瘦果	$* P_{3+3} A_{6\sim\infty} \underline{G}_{6\sim\infty}$
79	水鳖科 Hydrocharitaceae	浮水或沉水草本；花多为单性，雌性同株或异株，辐射对称，常为佛焰苞或 2 苞片所包，子房下位，胚珠多数；果实肉质，浆果状	$* P_{3+3} A_{3\sim\infty} \overline{G}_{(3\sim6)}$ $\male: * K_3 C_3 A_{3\sim\infty}$ $\female: * K_3 C_3 \underline{G}_{(3\sim6)}$
80	眼子菜科 Potamogetonaceae	浮水或沉水草本，常有匍匐茎或根茎，叶带状，互生或对生，基部有鞘；花两性，穗状花序，整齐，花被片 4，雄蕊 4，心皮 1～4，子房上位；小型核果或瘦果	$* P_4 A_4 \underline{G}_{1\sim4}$
81	棕榈科 Palmae	木本，主干明显，叶常绿，多簇生于茎顶，叶柄基部扩大成纤维状鞘；花小，常淡黄绿色，两性或单性，组成分枝或不分枝的肉穗花序，多为 3 基数，子房上位；核果或浆果	$* P_3 A_{3+3} \underline{G}_{3,(3)}$ $\male: * P_{3+3} A_{3+3}$ $\female: * P_{3+3} \underline{G}_{3,(3)}$
82	天南星科 Araceae	草本，常有根状茎或块茎，叶常基生；肉穗花序，外包有佛焰苞，花两性或单性，辐射对称，雄蕊 1 至多数，分离或合生，子房上位；常为浆果	$* P_{0,4\sim6} A_{1\sim\infty,(1\sim\infty)}$ $\underline{G}_{(1\sim\infty:1\sim\infty:1\sim\infty)}$

（续）

序号	科名	识别要点	花程式
83	鸭跖草科 Commelinaceae	草本，叶互生，叶鞘明显；花两性，辐射对称或两侧对称，雄蕊 6，二型，子房上位；蒴果，种子有棱，圆盘状胚盖	$*,\uparrow K_3 C_3 A_6 \underline{G}_{(3)}$
84	莎草科 Cyperaceae	多年生或一年生草本，茎常三棱柱形，实心，少数中空；花小，两性或单性，小穗排成穗状、总状、圆锥状或聚伞花序，雄蕊 1～3，子房上位；坚果或瘦果	$* P_0 A_3 \underline{G}_{(2\sim3:1:1)}$ $\male : * P_0 A_{1\sim3}$ $\female : * P_0 \underline{G}_{(2\sim3:1:1)}$
85	禾本科 Gramineae	草本或木本，秆（地上茎）圆柱形，中空有节，单叶互生，2 列，叶鞘包秆，开裂；花两性，组成小穗，由小穗组成穗状、总状或圆锥状等各种花序；常为颖果	$* P_{2\sim3} A_{3\sim3+3} \underline{G}_{(2\sim3:1:1)}$
86	香蒲科 Typhaceae	水生草本，有地下茎，叶 2 列，线形，直立；花小，单性，雌雄同株，无花被，穗状花序，雄花居上部，雌花在下部；小坚果，外被刚毛状小苞片	$\male : * P_0 A_{1\sim3}$ $\female : * P_0 \underline{G}_1$
87	姜科 Zingiberaceae	多年生草本，通常具有芳香，地上茎常很短，有匍匐茎或块状根茎，叶基部具有叶鞘；花两性，两侧对称，单生或组成各种花序，花瓣 3，下部合生成管，子房下位；多为蒴果，种子常具有假种皮	$\uparrow K_3 C_3 A_1 \overline{G}_{(3)}$ 或 $\uparrow P_{3+3} A_1 \overline{G}_{(3)}$
88	百合科 Liliaceae	草本，具根状茎、鳞茎或球茎；花多为两性，辐射对称，总状、穗状或圆锥花序，无副花冠，花被片和雄蕊均 6，子房上位，常 3 室；蒴果或浆果	$* P_{3+3} A_{3+3} \underline{G}_{(3:3:\infty)}$
89	石蒜科 Amaryllidaceae	多年生草本，具各种地下茎；花两性，单生或排成伞形花序，常具副花冠，花被片和雄蕊均 6，子房下位，中轴胎座，常 3 室；蒴果或为浆果状	$* P_{3+3} A_{3+3} \overline{G}_{(3:3:\infty)}$
90	薯蓣科 Dioscoreaceae	多年生缠绕草本，具块状或根状地下茎，单叶或掌状复叶，互生，稀对生；花单性，常雌雄异株，排成总状、穗状或圆锥花序，花被片和雄蕊均 6，子房下位，3 室；蒴果或浆果，种子有翅	$\male : * P_{3+3} A_{3\sim6}$ $\female : * P_{3+3} \overline{G}_{(3:3)}$
91	兰科 Orchidaceae	陆生、附生或腐生草本，稀为攀援藤本，具根状茎、块茎或假鳞茎；花被片 6，内轮 1 片特化为唇瓣，雄蕊与花柱、柱头形成合蕊柱，子房下位；蒴果，种子极小	$\uparrow P_{3+3} A_{1\sim2} \overline{G}_{(3:1:\infty)}$

附录四　植物学实验参考书及网站

段国禄，施江，2008. 植物制片、标本制作和植物鉴定 . 北京：气象出版社 .

金银根，2007. 植物学实验与技术 . 北京：科学出版社 .

李和平，2009. 植物显微技术 . 北京：科学出版社 .

李景原，王太霞，2007. 植物学实验技术 . 北京：科学出版社 .

秦仁昌，1978. 植物学拉丁文 . 北京：科学出版社 .

王幼芳，李宏庆，2007. 植物学实验指导 . 北京：高等教育出版社 .

吴国芳，1989. 种子植物图谱 . 北京：高等教育出版社 .

姚家玲，2017. 植物学实验 . 3 版 . 北京：高等教育出版社 .

中国科学院植物研究所，1978—1982. 中国高等植物图鉴：1～5 册，补编 1～2 册 . 北京：科学出版社 .

中国科学院植物研究所，1979. 中国高等植物科属检索表 . 北京：科学出版社 .

http：//www. ilab-x. com 国家虚拟仿真实验教学项目共享平台

http：//pe. ibcas. ac. cn 中国科学院植物研究所国家标本馆

http：//www. cvh. ac. cn 国家植物标本资源库

http：//ppbc. iplant. cn 中国植物图像库

http：//www. iplant. cn/frps 中国植物志

参 考 文 献

方精云，朱江玲，郭兆迪，等，2009. 植物群落清查的主要内容、方法和技术规范. 生物
　多样性，17（6）：533-548.

何凤仙，2004. 植物学实验. 北京：高等教育出版社.

华东师范大学，1982.. 植物学：上册. 北京：人民教育出版社.

金银根，2007. 植物学实验与技术. 北京：科学出版社.

李和平，2009. 植物显微技术. 北京：科学出版社.

李扬汉，1984. 植物学. 上海：上海科技出版社.

姚家玲，2017. 植物学实验.3版. 北京：高等教育出版社.

张乃群，朱自学，2006. 植物学实验及实习指导. 北京：化学工业出版社.

中国科学院中国植物志编辑委员会，1959—2003. 中国植物志. 北京：科学版社.

周仪，1993. 植物形态解剖实验. 北京：北京师范大学出版社.

Stern Kingsley R，Bidlack James E，Jansky Shelley H，2004. Introductory Plant Biology. 影
　印版. 北京：高等教育出版社.

图书在版编目（CIP）数据

植物学实验及实习指导/陈中义，周存宇主编 . —
2 版 . —北京：中国农业出版社，2020.8（2024.12 重印）
普通高等教育农业农村部"十三五"规划教材　全国
高等农林院校"十三五"规划教材
　ISBN 978-7-109-27021-3

　Ⅰ . ①植…　Ⅱ . ①陈… ②周…　Ⅲ . ①植物学－实验
－高等学校－教学参考资料　Ⅳ . ①S94-33

中国版本图书馆 CIP 数据核字（2020）第 118823 号

中国农业出版社出版
地址：北京市朝阳区麦子店街 18 号楼
邮编：100125
责任编辑：宋美仙　郑璐颖　　文字编辑：刘　梁
版式设计：杜　然　　责任校对：吴丽婷
印刷：三河市国英印务有限公司
版次：2013 年 7 月第 1 版　　2020 年 8 月第 2 版
印次：2024 年 12 月第 2 版河北第 2 次印刷
发行：新华书店北京发行所
开本：720mm×960mm　1/16
印张：9.25
字数：160 千字
定价：23.00 元